ABHANDLUNGEN DER DEUTSCHEN AKADEMIE
DER WISSENSCHAFTEN ZU BERLIN

Klasse für Mathematik, Physik und Technik

Jahrgang 1960 Nr. 4

ERICH KÄHLER

INNERER UND ÄUSSERER DIFFERENTIALKALKÜL

AKADEMIE-VERLAG · BERLIN

1960

Vorgelegt in der Gesamtsitzung vom 11. Februar 1960

Zum Druck genehmigt am gleichen Tage, ausgegeben am 20. September 1960

Erschienen im Akademie-Verlag GmbH, Berlin W 1, Leipziger Straße 3-4
Lizenz-Nr.: 202 · 100/734/60

Satz, Druck und Bindung: IV/2/14 · VEB Werkdruck Gräfenhainichen · 1381
Bestellnummer: 2001/60/I/4
Preis: DM 5,50
Printed in Germany
ES 19 B 4

Herrn Wilhelm Blaschke, Hamburg,

zum 75. Geburtstage gewidmet

Wenn in einem Raume eine Metrik gegeben ist, so empfiehlt es sich, dem äußeren Differentialkalkül mit der durch

$$dx^i \wedge dx^k + dx^k \wedge dx^i = 0$$

gekennzeichneten äußeren Multiplikation einen inneren Differentialkalkül gegenüberzustellen, indem man eine innere Multiplikation $\vee$ mit der Eigenschaft

$$dx^i \vee dx^k + dx^k \vee dx^i = 2\, g^{ik}$$

erklärt. Der äußeren Differentiation d entsprechend, gewinnt man dann eine innere Differentiation δ, deren Bedeutung aus folgenden Bemerkungen ersichtlich wird:

1. $\delta u = 0$

kennzeichnet die im Sinne von Hodge harmonischen Differentiale, wenn der Raum kompakt und die Metrik positiv definit ist.

2. Der Dirac-Gleichung kann die Gestalt

$$\delta u = a \vee u$$

(a gegeben, u gesucht) gegeben werden.

Dieser Zusammenhang rechtfertigt den in der vorliegenden Abhandlung unternommenen Versuch, den inneren Differentialkalkül geschmeidig zu gestalten und seine Beziehungen zum Cartan-Kalkül zu erhellen. Nachdem der innere Differentialkalkül in einer im Sommersemester 1959 gehaltenen Vorlesung erprobt worden ist, hat er sich auch bei physikalischen Anwendungen bewährt, worüber in einer weiteren Arbeit berichtet werden soll.

1.

Über dem Ringe r der in einem Gebiete G des $(x^1, x^2, \ldots, x^n)$-Raumes X gewisse Differenzierbarkeitsbedingungen B erfüllenden, etwa unendlich oft differenzierbaren Funktionen werde ein nicht-kommutativer Ring

$$R = [r, dx^1, dx^2, \ldots, dx^n]$$

durch n Elemente dx^i in solcher Weise erzeugt, daß zwischen diesen Elementen über r nur Relationen gelten, die aus

$$\begin{aligned} 1 \cdot dx^i - dx^i &= 0\,, \\ a \cdot dx^i - dx^i \cdot a &= 0 \end{aligned} \qquad \text{(für jedes } a \in r)$$

durch Anwendung der Idealoperationen folgen.

Ein solcher Ring existiert und ist bis auf Isomorphismen über r eindeutig bestimmt. Jedes seiner Elemente ist auf genau eine Weise in der Form

$$a + \sum_i a_i \cdot dx^i + \sum_{i,k} a_{ik} \cdot dx^i \cdot dx^k + \sum_{i,k,l} a_{ikl} \cdot dx^i \cdot dx^k \cdot dx^l + \cdots$$

mit $a, a_i, a_{ik}, a_{ikl}, \ldots \in r$ darstellbar. Der Vorschlag, sie Infinitesimale über r zu nennen, rechtfertigt sich durch folgende Festsetzung über ihr Verhalten bei Variablentransformationen.

2.

r' bedeute den Ring der in dem Gebiete G' des $(y^1, y^2, \ldots, y^n)$-Raumes Y den Differenzierbarkeitsbedingungen B genügenden Funktionen, und

$$R' = [r', dy^1, dy^2, \ldots, dy^n]$$

sei in dem eben erklärten Sinne der Infinitesimalring über r'.

Wenn eine Abbildung $\sigma: r \to r'$, beschrieben durch

$$\sigma f(x^1, x^2, \ldots, x^n) = f(\varphi^1(y^1, \ldots, y^n), \ldots, \varphi^n(y^1, \ldots, y^n)),$$

so beschaffen ist, daß die Matrix

$$\left(\frac{\partial \varphi^i}{\partial y^k}\right)$$

überall in G' den Rang n hat, so kann sie durch die Festsetzung

$$\sigma(dx^i) = \sum_k \frac{\partial \varphi^i}{\partial y^k} dy^k$$

auf genau eine Weise zu einem Homomorphismus $\sigma: R \to R'$ erweitert werden.

Bei diesem Homomorphismus geht das Element

$$u = a + \sum_p a_{i_1 i_2 \ldots i_p} \cdot dx^{i_1} \cdot dx^{i_2} \ldots dx^{i_p}$$

(Summation über doppelt vorkommende Indizes!)

in

$$\sigma u = b + \sum_p b_{k_1 k_2 \ldots k_p} \cdot dy^{k_1} \cdot dy^{k_2} \ldots dy^{k_p}$$

mit

$$b_{k_1 k_2 \ldots k_p} = \sigma a_{i_1 i_2 \ldots i_p} \cdot \frac{\partial \varphi^{i_1}}{\partial y^{k_1}} \frac{\partial \varphi^{i_2}}{\partial y^{k_2}} \ldots \frac{\partial \varphi^{i_p}}{\partial y^{k_p}}$$

über, d. h., die Koeffizienten $a, a_i, a_{ik}, a_{ikl}, \ldots$ eines Infinitesimals verhalten sich wie die Komponenten kovarianter Tensoren.

Ein Infinitesimal über r heiße *Differential* über r genau dann, wenn seine Koeffiziententensoren sämtlich schiefsymmetrisch sind.

Bei einem Homomorphismus der oben beschriebenen Art gehen Differentiale in Differentiale über.

3.

Unter den Infinitesimalen über r sei $g_{ik} \cdot dx^i \cdot dx^k$ mit symmetrischem Tensor g_{ik}, dessen Determinante $g = |g_{ik}|$ nirgends in G verschwindet, als „*Metrik in G*" ausgezeichnet. Wie üblich bezeichne (g^{ik}) die zu (g_{ik}) inverse Matrix und (δ_i^k) die Einheitsmatrix.

Bei Anwendung eines Homomorphismus $\sigma: R \to R'$ geht das von den Infinitesimalen

$$c_i^k = g_{ih} \cdot (dx^h \cdot dx^k + dx^k \cdot dx^h) - 2\lambda\, \delta_i^k$$

in R erzeugte Ideal $\mathfrak{c}_\lambda$ in das mit der Metrik in G' und dem gleichen λ entsprechend gebildete Ideal $\mathfrak{c}'_\lambda$ über.

Das Ideal $\mathfrak{c}_0$ kann ohne Zugrundelegung einer Metrik als das von den Infinitesimalen

$$dx^i \cdot dx^k + dx^k \cdot dx^i$$

erzeugte Ideal erklärt werden.

4.

Jedes Infinitesimal ist mod $\mathfrak{c}_\lambda$ einem Differential kongruent. Es genügt, dies für ein „Monom p-ten Grades" $a \cdot dx^{i_1} \cdots dx^{i_p}$ zu beweisen. Wegen $|g_{ik}| \neq 0$ in G gelten die Kongruenzen

$$dx^i \cdot dx^k + dx^k \cdot dx^i - 2\lambda g^{ik} \equiv 0 \quad \bmod \mathfrak{c}_\lambda,$$

welche wegen der Zerlegbarkeit von Permutationen in Transpositionen gestatten, eine Kongruenz

$$a \cdot dx^{i_1} \cdots dx^{i_p} \equiv b \cdot dx^{k_1} \cdots dx^{k_p} + u \quad \bmod \mathfrak{c}_\lambda$$

mit $k_1 < \cdots < k_p$, $b \in r$, und einem nur aus Monomen vom Grade $\leq p-2$ bestehenden Infinitesimal u herzustellen.

Durchläuft π alle Permutationen der Ziffern $1, \ldots, p$, so ist

$$\frac{1}{p!} \cdot b \cdot \sum_\pi \chi(\pi)\, dx^{k_{\pi(1)}} \cdot dx^{k_{\pi(2)}} \cdots dx^{k_{\pi(p)}}$$

$$(\chi(\pi) = \pm 1, \text{ Charakter von } \pi)$$

Differential und mod $\mathfrak{c}_\lambda$ kongruent einem Infinitesimal, das sich von $b \cdot dx^{k_1} \cdots dx^{k_p}$ nur um ein aus Monomen vom Grade $\leq p-2$ bestehendes Infinitesimal unterscheidet.

Aus diesen beiden Feststellungen folgt durch Induktion nach dem Höchstgrade der an einem Infinitesimal beteiligten Monome, daß in der Tat jedes Infinitesimal einem Differential kongruent ist.

5.

S bezeichne die Gesamtheit (additive Gruppe) der Differentiale über r. Es gilt $R = S + \mathfrak{c}_\lambda$, $S \frown \mathfrak{c}_\lambda = 0$.

Beweis: Die erste Aussage ist eben bewiesen worden.

Unter der Annahme, es gäbe ein Infinitesimal $u \neq 0$ in $S \frown \mathfrak{c}_\lambda$, sei der Punkt P in G so gewählt, daß dort nicht alle Koeffizienten von u verschwinden.

Durch eine lineare Transformation $\sigma\, x^i = \alpha^i_k \cdot y^k$ mit konstanten Koeffizienten kann erreicht werden, daß $g_{ik} \cdot dx^i \cdot dx^k = \bar{g}_{ik} \cdot dy^i \cdot dy^k$ mit $\bar{g}_{ik}(P) = 0$ für $i \neq k$, $= 1$ für $i = k$ gilt.

Um die Annahme $u \neq 0$ zu widerlegen, werde eine in R lineare, d. h. der Relation $C(u+v) = C(u) + C(v)$ genügende Abbildung von R in den Ring

$$[C, dy^1, dy^2, \ldots, dy^n] \qquad (C \text{ Körper der komplexen Zahlen})$$

der Infinitesimale mit konstanten Koeffizienten dadurch erklärt, daß für ein Monom

$$u = a \cdot dy^{i_1} \cdot dy^{i_2} \cdots dy^{i_p}$$

gesetzt wird:

$$C(u) = \varepsilon \cdot a(P) \cdot \lambda^m \cdot dy^{l_1} \cdot dy^{l_2} \cdots dy^{l_h},$$

wobei m, ε und $l_1 < l_2 < \cdots < l_h$ folgendermaßen zu bestimmen sind:

Unter $i_1, i_2, \ldots, i_p$ seien nur q verschiedene, und diese seien $j_1 < \cdots < j_q$, wobei j_ν genau m_ν-mal vorkomme. Diejenigen j_ν, für die m_ν ungerade ausfällt, seien $l_1 < l_2 < \cdots < l_h$. Dann ist

$$m = \sum_{m_\nu \text{ gerade}} \frac{m_\nu}{2} + \sum_{m_\nu \text{ ungerade}} \frac{m_\nu - 1}{2} = \frac{p-h}{2}$$

und $\varepsilon = (-1)^{\alpha}$, wobei α die Anzahl der negativen unter den Differenzen $i_{\mu} - i_{\nu}$ $(\mu > \nu)$ bedeute.

Die Anwendung der Operation C auf Elemente der Form

(*) $$a \cdot dy^{i_1} \cdots dy^{i_\mu} \cdot (dy^k \cdot dy^l + dy^l \cdot dy^k) \cdot dy^{j_1} \cdots dy^{j_\nu}$$

oder

(**) $$2\,a \cdot dy^{i_1} \cdots dy^{i_\mu} \cdot (dy^k \cdot dy^k - \lambda) \cdot dy^{j_1} \cdots dy^{j_\nu}$$

(mit $a \in r'$, $\mu \geq 0$, $\nu \geq 0$, $k \neq l$) ergibt 0. Da jedes Element von $\mathfrak{c}_\lambda$ additiv aus Elementen der Form

$$a \cdot dy^{i_1} \cdots dy^{i_\mu} (dy^k \cdot dy^l + dy^l \cdot dy^k - 2\,\lambda\,\bar{g}^{kl}) \cdot dy^{j_1} \cdots dy^{j_\nu}$$

(mit $k \leq l$) gewonnen werden kann und deren Bild bei C übereinstimmt mit dem Bilde von (*) oder (**), gilt $C(c) = 0$ für jedes $c \in \mathfrak{c}_\lambda$.

Andererseits ist jedes Differential eine Summe

$$u = a + \sum_p \sum_{i_1 < \cdots < i_p} \sum_\pi a_{i_1 \cdots i_p} \cdot \chi(\pi) \cdot dy^{i_{\pi(1)}} \cdots dy^{i_{\pi(p)}}$$

und daher

$$C(u) = a(P) + \sum_p \sum_{i_1 < \cdots < i_p} p! \cdot a_{i_1 \cdots i_p}(P) \cdot dy^{i_1} \cdots dy^{i_p}$$

und daher $C(u) \neq 0$, wenn nicht alle Koeffizienten von u in P verschwinden.

Für das zu Anfang betrachtete $u \in S \frown \mathfrak{c}_\lambda$ wäre also einerseits $C(u) \neq 0$, und andererseits $C(u) = 0$ wegen $u \in \mathfrak{c}_\lambda$.

Dieser Widerspruch beweist, daß 0 das einzige zu $\mathfrak{c}_\lambda$ gehörige Differential ist.

Jede mod $\mathfrak{c}_\lambda$ gültige Kongruenz zwischen Differentialen ist also eine Gleichung.

6.

Die additive Gruppe S der Differentiale über r wird auf zwei Weisen zu einem Ringe, indem in S zwei Multiplikationen erklärt werden, eine „äußere" mit $\wedge$ zu bezeichnende und eine „innere", die mit $\vee$ bezeichnet werde.

Für u, $v \in S$ bedeute

$u \wedge v$ das durch $u \wedge v \equiv u \cdot v \bmod \mathfrak{c}_0$,

$u \vee v$ das durch $u \vee v \equiv u \cdot v \bmod \mathfrak{c}_1$

erklärte Differential.

Wegen

$$(u \wedge v) \wedge w \equiv (u \wedge v) \cdot w \equiv (u \cdot v) \cdot w = u \cdot (v \cdot w) \equiv u \cdot (v \wedge w) \equiv u \wedge (v \wedge w) \bmod \mathfrak{c}_0$$

und der entsprechenden Kongruenz mod $\mathfrak{c}_1$ sind beide Multiplikationen assoziativ und aus ähnlichen Gründen auch distributiv.

Da die dx^i Differentiale sind, bedeuten auch die Produkte $dx^{i_1} \wedge \cdots \wedge dx^{i_p}$ Differentiale, und zwar ist

$$dx^{i_1} \wedge \cdots \wedge dx^{i_p} = \frac{1}{p!} \sum_\pi \chi(\pi) \cdot dx^{i_{\pi(1)}} \cdot dx^{i_{\pi(2)}} \cdots dx^{i_{\pi(p)}},$$

weil beide Seiten mod $\mathfrak{c}_0$ kongruente Differentiale sind.

Jedes Differential u ist demnach als „äußeres Polynom"

$$u = a + \sum_p \sum_{(i_1, \ldots, i_p)} a_{i_1 \ldots i_p} dx^{i_1} \wedge dx^{i_2} \wedge \cdots \wedge dx^{i_p} \tag{1}$$

darstellbar, und wenn in einer solchen Darstellung jede Zusammenstellung p verschiedener Werte von $i_1, \ldots, i_p$ nur einmal (etwa in der Anordnung $i_1 < \cdots < i_p$) auftritt – was hier und auch künftig durch Beklammerung der Summationsbuchstaben ausgesagt werde –, so sind die Koeffizienten a, $a_{i_1 \ldots i_p}$ durch u eindeutig bestimmt.

Die Relationen

$$dx^i \wedge dx^k + dx^k \wedge dx^i = 0 \qquad (i \leq k)$$

sind in dem durch die äußere Multiplikation zu einem Ringe gewordenen Modul S erfüllt, und da sie ausreichen, jedes aus Elementen von r und den dx^i durch Anwendung der Ringoperationen – und $\wedge$ herstellbare Ergebnis auf die Form (1) zu reduzieren, sind sie die definierenden Relationen von S, aufgefaßt als von $dx^1, dx^2, \ldots, dx^n$ erzeugter Oberring von r.

Ein Differential heiße *homogen vom Grade p*, wenn es, ohne 0 zu sein, eine Summe von „Monomen p-ten Grades" $a \cdot dx^{i_1} \wedge dx^{i_2} \wedge \cdots \wedge dx^{i_p}$ ist. Es empfiehlt sich, auch für inhomogene Differentiale u einen Grad zu definieren und darunter den Höchstgrad der in einer reduzierten Darstellung (1) wirklich vorkommenden Monome zu verstehen.

Für die innere Multiplikation gilt ähnlich:

Jedes Differential über r ist auch in der Form

$$u = b + \sum_p \sum_{(i_1, \ldots, i_p)} b_{i_1 \ldots i_p} dx^{i_1} \vee dx^{i_2} \vee \cdots \vee dx^{i_p}$$

darstellbar mit durch u eindeutig bestimmten Koeffizienten, und S ist als Ring mit innerer Multiplikation über r von $dx^1, dx^2, \ldots, dx^n$ erzeugt und durch die Relationen

$$dx^i \vee dx^k + dx^k \vee dx^i = 2\, g^{ik}$$

definiert.

Diese Bemerkungen folgen aus dem sogleich näher zu untersuchenden Zusammenhang zwischen innerer und äußerer Multiplikation.

Zuvor seien noch zwei lineare Operatoren η, ζ in S dadurch erklärt, daß für $u \in S_p$ (= Gesamtheit der homogenen Differentiale p-ten Grades)

$$\eta\, u = (-1)^p \cdot u, \qquad \zeta\, u = (-1)^{\binom{p}{2}} \cdot u$$

gesetzt wird. Dann gilt für alle $u, v \in S$

$$\eta\,(u \wedge v) = \eta\, u \wedge \eta\, v$$

und, wie aus der sofort einleuchtenden Regel

$$u_p \wedge v_q = (-1)^{p \cdot q} \cdot v_q \wedge u_p \quad \text{für} \quad u_p \in S_p,\, v_q \in S_q \tag{2}$$

folgt,

$$\zeta\,(u \wedge v) = \zeta\, v \wedge \zeta\, u\,.$$

Der Operator ζ ist demnach ein Antiautomorphismus und η ein Automorphismus des äußeren Differentialringes S.

Ferner gilt

$$\eta\,\zeta = \zeta\,\eta, \quad \eta\,\eta = \zeta\,\zeta = 1\,.$$

Aus (2) folgt die allgemeinere Vertauschungsformel

$$u_p \wedge v = \eta^p\, v \wedge u_p \qquad (u_p \in S_p,\, v \in S)\,. \tag{3}$$

7.

$T(S)$ bedeute die Gesamtheit der Tensordifferentiale über r, d. h. der Tensoren, deren Komponenten Differentiale über r sind.

Ein Tensordifferential heiße homogen vom Grade p, wenn seine Komponenten homogene Differentiale vom Grade p sind.

Wie bei Differentialen ist auch bei Tensordifferentialen zwischen innerer und äußerer Multiplikation zu unterscheiden.

Anwendung der Operatoren η und ζ auf Tensordifferentiale bedeute Anwendung auf deren Komponenten.

Eine weitere lineare Operation e werde in $T(S)$ dadurch erklärt, daß für homogene Tensordifferentiale

$$u^{j_1 \cdots j_q}_{i_1 \cdots i_p} = \frac{1}{\nu!} \cdot a^{j_1 \cdots j_q}_{i_1 \cdots i_p k_1 \cdots k_\nu} \cdot dx^{k_1} \wedge \cdots \wedge dx^{k_\nu}$$

gesetzt wird:

$$e_h \, u^{j_1 \cdots j_q}_{i_1 \cdots i_p} = \frac{1}{(\nu-1)!} \cdot a^{j_1 \cdots j_q}_{i_1 \cdots i_p h k_1 \cdots k_{\nu-1}} \cdot dx^{k_1} \wedge \cdots \wedge dx^{k_{\nu-1}} .$$

Hat man die Komponente $u^{j_1 \cdots j_q}_{i_1 \cdots i_p}$ in der Form $dx^h \wedge u' + u''$ geschrieben, wo u' und u'' nur aus Monomen ohne dx^h bestehen, so ist

$$e_h \, u^{j_1 \cdots j_q}_{i_1 \cdots i_p} = u' .$$

Diese Bemerkung gestattet einen einfachen Beweis für die Tatsache

$$e_i \, (u \wedge v) = e_i \, u \wedge v + \eta \, u \wedge e_i \, v \qquad (u, v \in T(S)) . \tag{4}$$

Die Tensordifferentiale u, v seien in der Form

$$u = dx^i \wedge u' + u'', \quad v = dx^i \wedge v' + v''$$

geschrieben, wo u', u'', v', v'' das Differential dx^i nicht enthalten. Dann ist

$$u \wedge v = dx^i \wedge u' \wedge v'' + u'' \wedge dx^i \wedge v' + u'' \wedge v'',$$

was nach Anwendung der Relation (3) in

$$u \wedge v = dx^i \wedge (u' \wedge v'' + \eta \, u'' \wedge v') + u'' \wedge v''$$

übergeht und damit $e_i \, (u \wedge v) = u' \wedge v'' + \eta u'' \wedge v'$ ergibt. Wegen $v'' = v - dx^i \wedge v'$, $u'' = u - dx^i \wedge u'$ ist $u' \wedge v'' + \eta u'' \wedge v' = u' \wedge v + \eta u \wedge v' = e_i \, u \wedge v + \eta u \wedge e_i \, v$, w. z. b. w.

Offenbar ist

$$e_i \, \eta = - \eta \, e_i, \quad e_i \, \zeta = \eta \, \zeta \, e_i, \quad \zeta \, e_i = \eta \, e_i \, \zeta, \quad e_i \, e_k = - e_k \, e_i . \tag{5}$$

8.

Die Infinitesimale, deren sämtliche Koeffizienten in einem Punkte P von G verschwinden, sind die Elemente eines Ideals $\mathfrak{p}$ in R. Die in Punkt 5 betrachtete Abbildung $C(u)$ hat für $u \in \mathfrak{p}$ die Wirkung $C(u) = 0$ und für jedes nicht zu $\mathfrak{p}$ gehörige $u \in S$ eine Wirkung $C(u) \neq 0$. Daraus und aus $C\,(\mathfrak{c}_\lambda) = 0$ folgt

$$S \frown [\mathfrak{c}_\lambda + \mathfrak{p}] \subset \mathfrak{p} . \tag{6}$$

Diese Bemerkung gestattet zu zeigen, daß *im Falle* $g^{ik}(P) = 0 \; (i \neq k)$

$$dx^{i_1} \wedge \cdots \wedge dx^{i_p} - dx^{i_1} \vee \cdots \vee dx^{i_p} \subset \mathfrak{p} \tag{7}$$

gilt, sobald $i_1, \ldots, i_p$ *verschieden sind.*

Wie schon in Punkt 6 bemerkt, ist

$$dx^{i_1} \wedge \cdots \wedge dx^{i_p} = \frac{1}{p!} \sum_\pi \chi(\pi) \cdot dx^{i_{\pi(1)}} \cdots dx^{i_{\pi(p)}} , \tag{8}$$

während das entsprechende innere Produkt durch

$$dx^{i_1} \vee \cdots \vee dx^{i_p} \equiv dx^{i_1} \cdots dx^{i_p} \bmod \mathfrak{c}_1 \tag{9}$$

definiert ist. Wegen $dx^i \cdot dx^k + dx^k \cdot dx^i \equiv 0 \bmod (\mathfrak{c}_1 + \mathfrak{p})$ für $i \neq k$ sind die rechten Seiten von (8) und (9) mod $(\mathfrak{c}_1 + \mathfrak{p})$ einander kongruent und daher die linke Seite von (7) als Differential zufolge (6) in $\mathfrak{p}$ enthalten.

Die Tatsache (7) erleichtert den Beweis von Gleichungen zwischen Differentialen, weil nach (6) eine solche Gleichung schon bewiesen ist, wenn sie als Kongruenz mod $(\mathfrak{c}_1 + \mathfrak{p})$ formuliert, für alle Punkte P gilt.

9.

Zwischen innerer und äußerer Multiplikation besteht folgender Zusammenhang:

$$u \vee v = \sum_{m=0}^{n} (-1)^{\binom{m}{2}} \frac{\eta^m}{m!} e_{i_1} \cdots e_{i_m} u \wedge e^{i_1} \cdots e^{i_m} v . \tag{10}$$

Beweis: Sei P irgendein Punkt in G und dort das Koordinatensystem so gewählt, daß $g^{ik}(P) = \delta^{ik}$ wird. Wie eben begründet, genügt es, (10) als Kongruenz mod $(\mathfrak{c}_1 + \mathfrak{p})$ zu bestätigen, was im vorliegenden Falle erlaubt, für irgend p verschiedene Indizes $i_1, \ldots, i_p$

$$dx^{i_1} \wedge \cdots \wedge dx^{i_p} \equiv dx^{i_1} \vee \cdots \vee dx^{i_p} \tag{11}$$

zu setzen. Da beide Seiten von (10) bezüglich u, v bilinear sind, genügt es ferner, u, v als Monome vom Typ (11) vorauszusetzen. Wenn $h \geqq 0$ die Anzahl der dx^i bezeichnet, die in u, v zugleich vorkommen, kann die noch willkürlich gebliebene Numerierung der Koordinaten so eingerichtet werden, daß

$$u = dx^1 \wedge \cdots \wedge dx^h \wedge dx^{h+1} \wedge \cdots \wedge dx^{h+p} ,$$

$$v = dx^1 \wedge \cdots \wedge dx^h \wedge dx^{h+p+1} \wedge \cdots \wedge dx^{h+p+q}$$

wird. Für $m \neq h$ ergibt sich dann $e_{i_1} \cdots e_{i_m} u \wedge e^{i_1} \cdots e^{i_m} v \equiv 0$, während für $m = h$

$$\frac{1}{m!} e_{i_1} \cdots e_{i_m} u \wedge e^{i_1} \cdots e^{i_m} v \equiv dx^{h+1} \wedge \cdots \wedge dx^{h+p+q}$$

und daher

$$(-1)^{hp+\binom{h}{2}} \cdot dx^{h+1} \wedge \cdots \wedge dx^{h+p+q}$$

die rechte Seite von (10) ist. Die linke Seite $u \vee v$ ist wegen (11) mod $(\mathfrak{c}_1 + \mathfrak{p})$ kongruent zu

$$(dx^1 \vee \cdots \vee dx^h \vee dx^{h+1} \vee \cdots \vee dx^{h+p}) \vee (dx^1 \vee \cdots \vee dx^h \vee dx^{h+p+1} \vee \cdots \vee dx^{h+p+q})$$

und damit zu

$$(-1)^{hp+\binom{h}{2}} \cdot dx^{h+1} \vee \cdots \vee dx^{h+p+q} ,$$

weil

$$dx^i \vee dx^k + dx^k \vee dx^i \equiv 0 (i \neq k), \; dx^i \vee dx^i \equiv 1$$

sind. Erneute Anwendung von (11) vollendet den Beweis.

10.

Nunmehr können die Operatoren η, ζ auch in bezug auf die innere Multiplikation als Automorphismus bzw. Antiautomorphismus von S nachgewiesen werden.

Es gilt

$$\eta(u \vee v) = \eta\, u \vee \eta\, v ,$$

weil

$$\eta(u \vee v) = \sum_m (-1)^{\binom{m}{2}} \frac{\eta^{m+1}}{m!} e_{i_1} \cdots e_{i_m} u \wedge \eta e^{i_1} \cdots e^{i_m} v$$

$$= \sum_m (-1)^{\binom{m}{2}} \frac{\eta^m}{m!} e_{i_1} \cdots e_{i_m} \eta u \wedge e^{i_1} \cdots e^{i_m} \eta v = \eta u \vee \eta v$$

und

$$\zeta(u \vee v) = \zeta v \vee \zeta u,$$

weil

$$\zeta(u \vee v) = \sum_m (-1)^{\binom{m}{2}} \zeta e^{i_1} \cdots e^{i_m} v \wedge \zeta \frac{\eta^m}{m!} e_{i_1} \cdots e_{i_m} u$$

$$= \sum_m (-1)^{\binom{m}{2}} \eta e_{i_1} \eta e_{i_2} \cdots \eta e_{i_m} \zeta v \wedge \frac{\eta^m}{m!} \eta e^{i_1} \eta e^{i_2} \cdots \eta e^{i_m} \zeta u$$

$$= \sum_m (-1)^{\binom{m}{2}} \frac{\eta^m}{m!} e_{i_1} \cdots e_{i_m} \zeta v \wedge e^{i_1} \cdots e^{i_m} \zeta u = \zeta v \vee \zeta u.$$

Der in Punkt 7 bewiesenen Formel

$$e_i(u \wedge v) = e_i u \wedge v + \eta u \wedge e_i v$$

entspricht eine ganz ähnliche für das innere Produkt:

$$e_i(u \vee v) = e_i u \vee v + \eta u \vee e_i v; \tag{12}$$

denn

$$e_i(u \vee v) = \sum_m (-1)^{\binom{m}{2}} e_i \frac{\eta^m}{m!} e_{i_1} \cdots e_{i_m} u \wedge e^{i_1} \cdots e^{i_m} v$$

$$+ \sum_m (-1)^{\binom{m}{2}} \frac{\eta^{m+1}}{m!} e_{i_1} \cdots e_{i_m} u \wedge e_i e^{i_1} \cdots e^{i_m} v$$

$$= \sum_m (-1)^{\binom{m}{2}} \frac{\eta^m}{m!} e_{i_1} \cdots e_{i_m} e_i u \wedge e^{i_1} \cdots e^{i_m} v$$

$$+ \sum_m (-1)^{\binom{m}{2}} \frac{\eta^m}{m!} e_{i_1} \cdots e_{i_m} \eta u \wedge e^{i_1} \cdots e^{i_m} e_i v.$$

12.

Der in Punkt 6 bewiesenen Vertauschungsformel

$$u \wedge v = \eta^p v \wedge u \qquad (u \in S_p, v \in S)$$

für äußere Produkte entspricht

$$u \vee v = \sum_{m=0}^{p} (-1)^{\binom{m}{2}} \frac{2^m}{m!} e_{i_1} \cdots e_{i_m} \eta^{p+m} v \vee e^{i_1} \cdots e^{i_m} u \qquad (u \in S_p, v \in S) \tag{13}$$

im Falle der inneren Multiplikation.

Beweis: Es genügt, $v \in S_q$ vorauszusetzen. Nach Punkt 9 ist dann

$$e_{i_1} \cdots e_{i_m} \eta^{p+m} v \vee e^{i_1} \cdots e^{i_m} u$$

$$= (-1)^{pq+mq} \sum_h (-1)^{\binom{h}{2} + (q-m-h)h} \frac{1}{h!} e_{j_1} \cdots e_{j_h} e_{i_1} \cdots e_{i_m} v \wedge e^{j_1} \cdots e^{j_h} e^{i_1} \cdots e^{i_m} u$$

und darum die rechte Seite von (13) gleich

$$\sum_{m,h} (-1)^{\binom{m}{2}+\binom{h}{2}+pq+mq+(q-m-h)h} \frac{2^m}{m!\cdot h!} e_{i_1}\cdots e_{i_{h+m}} v \wedge e^{i_1}\cdots e^{i_{h+m}} u$$

$$= \sum_{m,h} (-1)^{\binom{m+h}{2}} \binom{m+h}{m} \cdot (-2)^m \cdot \frac{(-1)^{(m+h)p}}{(m+h)!} e_{i_1}\cdots e_{i_{m+h}} u \wedge e^{i_1}\cdots e^{i_{m+h}} v$$

$$= \sum_{k=0}^{p} (-1)^k \sum_{m+h=k} (-1)^{\binom{m+h}{m}} \binom{m+h}{m} \cdot (-2)^m \frac{\eta^{m+h}}{(m+h)!} e_{i_1}\cdots e_{i_{m+h}} u \wedge e^{i_1}\cdots e^{i_{m+h}} v$$

$$= u \vee v,$$

wie zu beweisen war.

Als häufig auftretende Sonderfälle der bewiesenen Beziehungen seien zusammengestellt:

$$\begin{aligned} u \vee v &= \eta\, v \vee u + 2\, e_i\, v \vee e^i\, u \\ u \vee v &= u \wedge v + e_i u \wedge e^i\, v \end{aligned} \qquad (u \in S_1,\, v \in S). \tag{14}$$

13.

Sind $u_1, u_2, \ldots, u_p$ homogen vom Grade 1, so ist

$$u_1 \vee u_2 \vee \cdots \vee u_p - u_1 \wedge u_2 \wedge \cdots \wedge u_p \tag{15}$$

vom Grade $\leq p-2$ oder 0.

Für $p = 1$ ist diese Differenz 0. Ist die Behauptung für weniger als p Faktoren bewiesen, so folgt aus

$$u_1 \vee u_2 \vee \cdots \vee u_p = u_1 \wedge (u_2 \vee \cdots \vee u_p) + e_i\, u_1 \wedge e^i (u_2 \vee \cdots \vee u_p)$$

ihre Richtigkeit für p Faktoren.

Damit ist zugleich bewiesen, daß jedes Differential

$$a + a_i \cdot dx^i + a_{ik} \cdot dx^i \wedge dx^k + \cdots + a_{i_1\cdots i_p} \cdot dx^{i_1} \wedge \cdots \wedge dx^{i_p}$$

p-ten Grades auch in der Form

$$b + b_i \cdot dx^i + b_{ik} \cdot dx^i \vee dx^k + \cdots + b_{i_1\cdots i_p} \cdot dx^{i_1} \vee \cdots \vee dx^{i_p}$$

geschrieben werden kann und zwar mit $b_{i_1\cdots i_p} = a_{i_1\cdots i_p}$.

Der Grad eines Differentials hätte demnach auch mittels dessen Darstellung als „inneres Polynom" definiert werden können. Homogenität eines Differentials würde dagegen etwas anderes als bisher bedeuten, wollte man sie als Zusammensetzbarkeit aus „inneren Monomen" gleichen Grades erklären.

14.

Die kovariante Ableitung $d_h\, u^{j_1\cdots j_p}_{i_1\cdots i_q}$ eines homogenen Tensordifferentials

$$u^{j_1\cdots j_p}_{i_1\cdots i_q} = \frac{1}{\lambda!} \cdot a^{j_1\cdots j_p}_{i_1\cdots i_q k_1\cdots k_\lambda}\, dx^{k_1} \wedge \cdots \wedge dx^{k_\lambda}$$

ist das Tensordifferential gleichen Grades

$$d_h\, u^{j_1\cdots j_p}_{i_1\cdots i_q} = \frac{1}{\lambda!} d_h\, a^{j_1\cdots j_p}_{i_1\cdots i_q k_1\cdots k_\lambda}\, dx^{k_1} \wedge \cdots \wedge dx^{k_\lambda} \tag{16}$$

mit

$$d_h a^{\cdots}_{\cdots k_1 \cdots k_\lambda} = \frac{\partial a^{\cdots}_{\cdots k_1 \cdots k_\lambda}}{\partial x^h} + \Gamma^{i_1}_{hl} \cdot a^{l \cdot \cdot}_{\cdots k_1 \cdots k_\lambda} + \cdots - \Gamma^{l}_{h i_1} \cdot a^{\cdots}_{l \cdot \cdot k_1 \cdots k_\lambda} - \cdots$$
$$- \Gamma^{l}_{h k_1} \cdot a^{\cdots}_{\cdots l k_2 \cdots k_\lambda} - \cdots , \tag{17}$$

und für inhomogene Tensordifferentiale sei die Wirkung von d_h gleich der Summe der Wirkungen von d_h auf ihre homogenen Bestandteile.

In einem beliebigen Punkte P von G können die Koordinaten „lokal euklidisch" in folgendem Sinne gewählt werden:

$$g_{ik}(P) = \delta_{ik}, \qquad \Gamma_{ik,l}(P) = 0 .$$

Die kovariante Ableitung $d_h u^{\cdots}_{\cdots}$ jenes homogenen Tensordifferentials

$$u^{\cdots}_{\cdots} = \frac{1}{\lambda!} a^{\cdots}_{\cdots k_1 \cdots k_\lambda} \cdot dx^{k_1} \wedge \cdots \wedge dx^{k_\lambda}$$

hat dann in P die Komponenten

$$(d_h u^{\cdots}_{\cdots})(P) = \frac{1}{\lambda!} \frac{\partial a^{\cdots}_{\cdots k_1 \cdots k_\lambda}}{\partial x^h} \cdot dx^{k_1} \wedge \cdots \wedge dx^{k_\lambda} .$$

Diese Bemerkung vereinfacht den Beweis der Differentiationsregel

$$d_h (u^{\cdots}_{\cdots} \wedge v^{\cdots}_{\cdots}) = d_h u^{\cdots}_{\cdots} \wedge v^{\cdots}_{\cdots} + u^{\cdots}_{\cdots} \wedge d_h v^{\cdots}_{\cdots} , \tag{18}$$

da der Tensordifferentialcharakter beider Seiten dieser Gleichung erlaubt, deren Richtigkeit in jedem Punkte P (d. h. mod $\mathfrak{p}$) mittels lokal euklidischer Koordinaten zu bestätigen, was mit dem Ansatz

$$v^{\cdots}_{\cdots} = \frac{1}{\mu!} b^{\cdots}_{\cdots k_1 \cdots k_\mu} \cdot dx^{k_1} \wedge \cdots \wedge dx^{k_\mu}$$

durch folgende Rechnung geschieht:

$$u^{\cdots}_{\cdots} \wedge v^{\cdots}_{\cdots} = \frac{1}{\lambda!\,\mu!} a^{\cdots}_{\cdots k_1 \cdots k_\lambda} \cdot b^{\cdots}_{\cdots k_{\lambda+1} \cdots k_{\lambda+\mu}} \cdot dx^{k_1} \wedge \cdots \wedge dx^{k_{\lambda+\mu}}$$

und mod $\mathfrak{p}$:

$$d_h (u^{\cdots}_{\cdots} \wedge v^{\cdots}_{\cdots}) \equiv \frac{1}{\lambda!\,\mu!} \frac{\partial}{\partial x^h} (a^{\cdots}_{\cdots k_1 \cdots k_\lambda} \cdot b^{\cdots}_{\cdots k_{\lambda+1} \cdots k_{\lambda+\mu}}) \cdot dx^{k_1} \wedge \cdots \wedge dx^{k_{\lambda+\mu}} ,$$

$$d_h u^{\cdots}_{\cdots} \wedge v^{\cdots}_{\cdots} \equiv \frac{1}{\lambda!\,\mu!} \left(\frac{\partial}{\partial x^h} a^{\cdots}_{\cdots k_1 \cdots k_\lambda} \right) \cdot b^{\cdots}_{\cdots k_{\lambda+1} \cdots k_{\lambda+\mu}} \cdot dx^{k_1} \wedge \cdots \wedge dx^{k_{\lambda+\mu}} ,$$

$$u^{\cdots}_{\cdots} \wedge d_h v^{\cdots}_{\cdots} \equiv \frac{1}{\lambda!\,\mu!} a^{\cdots}_{\cdots k_1 \cdots k_\lambda} \cdot \left(\frac{\partial}{\partial x^h} b^{\cdots}_{\cdots k_{\lambda+1} \cdots k_{\lambda+\mu}} \right) \cdot dx^{k_1} \wedge \cdots \wedge dx^{k_{\lambda+\mu}} .$$

Aus der damit bewiesenen Gültigkeit von (18) für homogene Tensordifferentiale und der Bilinearität beider Seiten von (18) bzgl. u, v folgt die Allgemeingültigkeit dieser Regel.

15.

Unmittelbar aus der Definition von d_i und e_k folgt die Vertauschbarkeit beider Operatoren:

$$d_i \, e_k = e_k \, d_i \quad \text{und} \quad d_i \, e^k = e^k \, d_i$$

und damit die Übertragung der eben bewiesenen Differentiationsregel auf den Fall innerer Tensordifferentialprodukte:

$$d_h (u^{\cdots}_{\cdots} \vee v^{\cdots}_{\cdots}) = d_h u^{\cdots}_{\cdots} \vee v^{\cdots}_{\cdots} + u^{\cdots}_{\cdots} \vee d_h v^{\cdots}_{\cdots} . \tag{19}$$

Beweis: Statt $u_{\cdot\cdot}^{\cdot\cdot}$ und $v_{\cdot\cdot}^{\cdot\cdot}$ einfach u, v schreibend, finden wir mittels des Zusammenhanges zwischen innerer und äußerer Multiplikation

$$\begin{aligned} d_h(u \vee v) &= \sum_m (-1)^{\binom{m}{2}} d_h \frac{\eta^m}{m!} e_{i_1} \cdots e_{i_m} u \wedge e^{i_1} \cdots e^{i_m} v \\ &+ \sum_m (-1)^{\binom{m}{2}} \frac{\eta^m}{m!} e_{i_1} \cdots e_{i_m} u \wedge d_h e^{i_1} \cdots e^{i_m} v \\ &= \sum_m (-1)^{\binom{m}{2}} \frac{\eta^m}{m!} e_{i_1} \cdots e_{i_m} d_h u \wedge e^{i_1} \cdots e^{i_m} v \\ &+ \sum_m (-1)^{\binom{m}{2}} \frac{\eta^m}{m!} e_{i_1} \cdots e_{i_m} u \wedge e^{i_1} \cdots e^{i_m} d_h v \\ &= d_h u \vee v + u \vee d_h v\,. \end{aligned}$$

16.

Die Wirkung von d_h auf ein beliebiges Tensordifferential $u_{i_1 \cdots i_q}^{j_1 \cdots j_p}$ kann mittels der Differentiale

$$\omega_i^k = \Gamma_{ij}^{k} \cdot d x^j$$

(die nicht die Komponenten eines Tensordifferentials sind) durch folgende Gleichung beschrieben werden:

$$\begin{aligned} d_h u_{i_1 \cdots i_q}^{j_1 \cdots j_p} &= \frac{\partial}{\partial x^h} u_{i_1 \cdots i_q}^{j_1 \cdots j_p} + \Gamma_{hl}^{j_1} \cdot u_{i_1 \cdots i_q}^{l j_2 \cdots} + \Gamma_{hl}^{j_2} \cdot u_{i_1 \cdots i_q}^{j_1 l \cdots} + \cdots \\ &- \Gamma_{h i_1}^{l} \cdot u_{l i_2 \cdots}^{j_1 \cdots j_p} - \Gamma_{h i_2}^{l} \cdot u_{i_1 l \cdots}^{j_1 \cdots j_p} - \cdots - \omega_h^l \wedge e_l\, u_{i_1 \cdots i_q}^{j_1 \cdots j_p}\,; \end{aligned} \tag{20}$$

denn im Falle eines homogenen Tensordifferentials u vom Grade λ ergibt sich dies aus (16) und (17).

17.

Die *äußere Differentiation* d führt ein Tensordifferential $u_{i_1 \cdots i_q}^{j_1 \cdots j_p}$ in

$$(d u)_{i_1 \cdots i_q}^{j_1 \cdots j_p} = d x^h \wedge d_h u_{i_1 \cdots i_q}^{j_1 \cdots j_p}$$

über, was ein Tensordifferential vom gleichen Typus wie u ist.

Die eben angeführte Formel für die kovariante Ableitung zeigt wegen $d x^h \wedge \omega_h^m = 0$, daß

$$\begin{aligned} (d u)_{i_1 \cdots i_q}^{j_1 \cdots j_p} &= d x^h \wedge \frac{\partial}{\partial x^h} u_{i_1 \cdots i_q}^{j_1 \cdots j_p} + \omega_m^{j_1} \wedge u_{i_1 \cdots i_q}^{m j_2 \cdots} + \omega_m^{j_2} \wedge u_{i_1 \cdots i_q}^{j_1 m \cdots} + \cdots \\ &- \omega_{i_1}^m \wedge u_{m i_2 \cdots}^{j_1 \cdots j_p} - \omega_{i_2}^m \wedge u_{i_1 m \cdots}^{j_1 \cdots j_p} - \cdots \end{aligned}$$

ist. Da insbesondere für skalare Differentiale u

$$d u = d x^h \wedge \frac{\partial}{\partial x^h} u \tag{21}$$

wird, kann obige Gleichung auch so geschrieben werden:

$$\begin{aligned} (d u)_{i_1 \cdots i_q}^{j_1 \cdots j_p} &= d(u_{i_1 \cdots i_q}^{j_1 \cdots j_p}) + \omega_m^{j_1} \wedge u_{i_1 \cdots i_q}^{m j_2 \cdots} + \omega_m^{j_2} \wedge u_{i_1 \cdots i_q}^{j_1 m \cdots} + \cdots \\ &- \omega_{i_1}^m \wedge u_{m i_2 \cdots}^{j_1 \cdots j_p} - \omega_{i_2}^m \wedge u_{i_1 m \cdots}^{j_1 \cdots j_p} - \cdots, \end{aligned} \tag{22}$$

wobei die Schreibweise $d\,(\;)$ bedeute, daß die für skalare Differentiale gültige Operation (21) auf die Komponente $u_{i_1 \cdots i_q}^{j_1 \cdots j_p}$ anzuwenden ist.

18.

Für beliebige Tensordifferentiale u, v gilt

$$d(u \wedge v) = du \wedge v + \eta\, u \wedge dv; \tag{23}$$

denn

$$dx^h \wedge d_h(u \wedge v) = dx^h \wedge d_h u \wedge v + dx^h \wedge u \wedge d_h v = du \wedge v + \eta\, u \wedge dx^h \wedge d_h v$$
$$= du \wedge v + \eta\, u \wedge d\, v\,.$$

19.

Die *innere Differentiation* δ führt ein Tensordifferential $u_{i_1 \dots i_q}^{j_1 \dots j_p}$ in

$$(\delta\, u)_{i_1 \dots i_q}^{j_1 \dots j_p} = dx^h \vee d_h\, u_{i_1 \dots i_q}^{j_1 \dots j_p}$$

über. Ihr Zusammenhang mit der äußeren Differentiation ist durch

$$\delta\, u = d\, u + e^i\, d_i\, u \tag{24}$$

gegeben.

Es genügt, diese Formel für den Fall eines homogenen Tensordifferentials u vom Grade λ zu beweisen. Nach Punkt 8 braucht sie auch nur als Kongruenz mod $\mathfrak{p}$ für alle Punkte P von G bewiesen zu werden, was wegen des Tensorcharakters beider Seiten von (24) jeweils in lokal euklidischen Koordinaten geschehen kann. Die Linearität beider Seiten bzgl. u gestattet ferner vorauszusetzen, daß nur eine Komponente von $u_{i_1 \dots i_q}^{j_1 \dots j_p}$ im gerade betrachteten Koordinatensystem von 0 verschieden und überdies ein Monom sei. Bei geeigneter Numerierung der Koordinaten kann dieses gleich

$$a \cdot dx^1 \wedge dx^2 \wedge \dots \wedge dx^\lambda$$

angenommen werden. Dann gestaltet sich die Berechnung der einzigen Komponente, die bei $\delta\, u$ und $d\, u + e^i\, d_i\, u$ von 0 verschieden sein kann, unter Verwendung der Bemerkung Punkt 8 folgendermaßen: Bei $\delta\, u$ ist sie mod $\mathfrak{p}$

$$\equiv \sum_{h=1}^{n} d\, x^h \vee \left(\frac{\partial a}{\partial x^h} \cdot d\, x^1 \wedge dx^2 \wedge \dots \wedge dx^\lambda\right) \equiv \sum_{h=1}^{n} \frac{\partial a}{\partial x^h} \cdot dx^h \vee (dx^1 \vee dx^2 \dots \vee dx^\lambda)$$
$$\equiv \sum_{h>\lambda} \frac{\partial a}{\partial x^h} \cdot dx^h \wedge dx^1 \wedge dx^2 \wedge \dots \wedge dx^\lambda + \sum_{h \leq \lambda} \frac{\partial a}{\partial x^h} \cdot e_h\, (dx^1 \wedge dx^2 \wedge \dots \wedge dx^\lambda)$$
$$\equiv d\, (a \cdot dx^1 \wedge dx^2 \wedge \dots \wedge dx^\lambda) + \sum_{h=1}^{n} e_h \left(\frac{\partial a}{\partial x^h} \cdot d\, x^1 \wedge d\, x^2 \wedge \dots \wedge d\, x^\lambda\right),$$

was der entsprechenden Komponente von $d\,u + e^i d_i u = d\,u + g^{hk} e_k d_h u$ in der Tat kongruent ist.

Übrigens kann statt $e^i\, d_i$ auch $e_i\, d^i = d^i\, e_i = d_i\, e^i$ geschrieben werden, wenn d^i durch $g^{ik}\, d_k$ definiert wird, weil zufolge $d_i\, g_{kl} = 0$ die Operatoren e_i, e^i mit d_k, d^k vertauschbar sind.

20.

Die innere Differentiation eines inneren Produkts von Tensordifferentialen u, v geschieht nach der Regel

$$\delta(u \vee v) = \delta\, u \vee v + \eta\, u \vee \delta\, v + 2\, e^i\, u \vee d_i\, v; \tag{25}$$

denn nach (19) ist $\delta(u \vee v) = dx^h \vee d_h\, (u \vee v) = dx^h \vee d_h\, u \vee v + dx^h \vee u \vee d_h\, v$, wo nach (14)

$$dx^h \vee u = \eta\, u \vee dx^h + 2\, e^h\, u$$

eingetragen werden kann.

21.

Formeln für die innere Differentiation eines äußeren und die äußere Differentiation eines inneren Produkts können aus (23) und (25) mittels des Zusammenhanges $\delta = d + e^i d_i$ und der Regeln (4), (12), (18), (19) berechnet werden:

$$\begin{aligned}\delta(u \wedge v) &= d(u \wedge v) + e^i d_i (u \wedge v)\\ &= d u \wedge v + \eta u \wedge d v + e^i (d_i u \wedge v) + e^i (u \wedge d_i v)\\ &= (du + e^i d_i u) \wedge v + \eta u \wedge (d v + e^i d_i v) + \eta d_i u \wedge e^i v + e^i u \wedge d_i v,\\ d(u \vee v) &= \delta(u \vee v) - e^i d_i (u \vee v)\\ &= \delta u \vee v + \eta u \vee \delta v + 2 e^i u \vee d_i v - e^i (d_i u \vee v) - e^i (u \vee d_i v)\\ &= (\delta u - e^i d_i u) \vee v + \eta u \vee (\delta v - e^i d_i v) + e^i u \vee d_i v - \eta d_i u \vee e^i v,\end{aligned}$$

womit die Differentiationsregeln

$$\begin{aligned}\delta(u \wedge v) &= \delta u \wedge v + \eta u \wedge \delta v + e^i u \wedge d_i v + \eta d_i u \wedge e^i v,\\ d(u \vee v) &= d u \vee v + \eta u \vee d v + e^i u \vee d_i v - \eta d_i u \vee e^i v\end{aligned} \qquad (26)$$

bewiesen sind.

22.

Es gilt

$$d e_i + e_i d = d_i, \quad \delta e_i + e_i \delta = d_i; \qquad (27)$$

denn $d e_i u = dx^k \wedge d_k e_i u = dx^k \wedge e_i d_k u$, während

$$e_i du = e_i (dx^k \wedge d_k u) = d_i u - dx^k \wedge e_i d_k u$$

ist, und ganz ähnlich verläuft die Rechnung im Falle der inneren Differentiation.

23.

Durch Anwendung auf homogene Tensordifferentiale bestätigt man sofort die Beziehungen

$$d \eta + \eta d = 0, \quad d\zeta + \eta \zeta d = 0; \qquad (28)$$

denn d, η, ζ sind wie d_i, e_i *homogene Operatoren* in dem Sinne, daß sie homogene Differentiale in homogene überführen.

δ ist zwar nicht homogen, doch gilt analog zur ersten der Relationen (28) auch

$$\delta \eta + \eta \delta = 0, \qquad (29)$$

weil

$$\delta \eta = d \eta + e^i d_i \eta = - \eta d + e^i \eta d_i = - \eta d - \eta e^i d_i$$

ist.

Aus

$$e_i \zeta = \eta \zeta e_i, \quad d_i \zeta = \zeta d_i \qquad (30)$$

und

$$\delta - d = e^i d_i$$

folgt

$$(\delta - d) \zeta = \eta \zeta (\delta - d) \qquad (31)$$

und damit

$$\delta\zeta = \eta \zeta \delta + 2 d \zeta = \eta \zeta \delta - 2 \eta \zeta d, \qquad \zeta \delta \zeta = \eta(\delta - 2 d) = (2 d - \delta) \eta.$$

Dieser Operator $\zeta \delta \zeta = (d - e^i d_i) \eta$ hat die zu δ spiegelbildliche Wirkung

$$\zeta \delta \zeta u = \zeta (dx^h \vee d_h \zeta u) = d_h u \vee dx^h.$$

24.

Bei der Berechnung der Operatoren $d\,d$ und $\delta\,\delta$ spielt das Krümmungs-Tensordifferential

$$\Omega_i^k = d(\omega_i^k) - \omega_i^l \wedge \omega_l^k = \frac{1}{2} R_{i\,l\,m}^{\,k} \, dx^l \wedge dx^m , \tag{32}$$

das die Eigenschaften

$$\Omega_{ik} + \Omega_{ki} = 0, \quad dx^i \wedge \Omega_{ik} = 0 , \quad (d\,\Omega)_{ik} = 0 \tag{33}$$

hat, eine Rolle. Darum seien erst einige dieses Tensordifferential betreffenden Nebenrechnungen ausgeführt.

Wegen $dx^k \vee \Omega_{ik} = dx^k \wedge \Omega_{ik} + e^k\,\Omega_{ik} = g^{km} R_{ikmj}\, dx^j$ ist

$$dx^k \vee \Omega_{ik} = R_{ij}\, dx^j \quad (= e^k\,\Omega_{ik}), \tag{34}$$

wobei

$$R_{ij} = R^m{}_{ijm}$$

symmetrisch und daher $R_{ij}\, dx^i \vee dx^j = R_{ij}\, g^{ij} = R$ ist. Dies ergibt die Formel

$$dx^i \vee dx^k \vee \Omega_{ik} = R. \tag{35}$$

Es ist noch $dx^k \vee dx^l \vee (e_m\,\Omega_{kl} \wedge e^m\,u)$ durch Zurückführung des eingeklammerten Produkts auf ein inneres Produkt zu berechnen.

Nach (10) oder (14) ist

$$e_m\,\Omega_{kl} \vee e^m\,u = e_m\,\Omega_{kl} \wedge e^m\,u + e_i\,e_m\,\Omega_{kl} \wedge e^i\,e^m\,u$$

und daher

$$e_m\,\Omega_{kl} \wedge e^m\,u = e_m\,\Omega_{kl} \vee e^m\,u + R_{klim}\,e^i\,e^m\,u .$$

Wegen

$$dx^k \vee dx^l = dx^k \wedge dx^l + g^{kl} \tag{36}$$

ist

$$dx^k \vee dx^l \vee R_{klim}\,e^i\,e^m\,u = 2\,\Omega_{im} \vee e^i\,e^m\,u$$

und darum

$$dx^k \vee dx^l \vee (e_m\,\Omega_{kl} \wedge e^m\,u) = (dx^k \vee dx^l \vee e_m\,\Omega_{kl}) \vee e^m\,u + 2\,\Omega_{im} \vee e^i\,e^m\,u .$$

Anwendung von e_m auf beiden Seiten von (35) führt zu der Gleichung

$$dx^k \vee \Omega_{mk} - dx^i \vee \Omega_{im} + dx^i \vee dx^k \vee e_m\,\Omega_{ik} = 0,$$

nach der

$$dx^k \vee dx^l \vee e_m\,\Omega_{kl} = 2\,dx^i \vee \Omega_{im} = -\,2\,R_{im}\,dx^i$$

(vgl. (34)) ist. Folglich wird

$$dx^k \vee dx^l \vee (e_m\,\Omega_{kl} \wedge e^m\,u) = 2\,\Omega_{ij} \vee e^i\,e^j\,u - 2\,R_{ij}\,dx^i \vee e^j\,u . \tag{37}$$

Schließlich sei noch bemerkt, daß nach (33)

$$dx^k \wedge dx^l \wedge \Omega_{kl} = 0$$

gilt, woraus nach Anwendung von e^m und (33) die Gleichung

$$dx^k \wedge dx^l \wedge e^m\,\Omega_{kl} = 0 \tag{38}$$

folgt.

25.

Wenn in einem Punkte P lokal euklidische Koordinaten eingeführt werden, kann aus der Gleichung

$$(20) \qquad d_l\, u^{j_1 \dots j_p}_{i_1 \dots i_q} = \frac{\partial}{\partial x^l} u^{j_1 \dots j_p}_{i_1 \dots i_q} + \Gamma^{j_1}_{l\,m}\, u^{m \dots}_{\dots} + \cdots$$
$$- \Gamma^{m}_{l\,i_1}\, u^{\dots}_{m \dots} - \cdots - \omega_l^m \wedge e_m\, u^{\dots}_{\dots}$$

die mod $\mathfrak{p}$ gültige Kongruenz

$$d_k\, d_l\, u^{j_1\cdots j_p}_{i_1\cdots i_q} \equiv \frac{\partial^2}{\partial x^k \partial x^l} u^{j_1\cdots j_p}_{i_1\cdots i_q} + \frac{\partial \Gamma^{j_1}_{lm}}{\partial x^k} u^{m\cdots}_{\cdots\cdots} + \cdots$$
$$- \frac{\partial \Gamma^m_{li_1}}{\partial x^k} u^{\cdots\cdots}_{m\cdots} - \cdots - d_k\, \omega^m_l \wedge e_m\, u^{\cdots}_{\cdots}$$

abgeleitet werden, aus der sich

$$(d_k\, d_l - d_l\, d_k)\, u^{j_1\cdots j_p}_{i_1\cdots i_q} \equiv \left(\frac{\partial \Gamma^{j_1}_{lm}}{\partial x^k} - \frac{\partial \Gamma^{j_1}_{km}}{\partial x^l}\right) u^{m\cdots}_{\cdots\cdots} + \cdots$$
$$- \left(\frac{\partial \Gamma^m_{li_1}}{\partial x^k} - \frac{\partial \Gamma^m_{ki_1}}{\partial x^l}\right) u^{\cdots\cdots}_{m\cdots} - \cdots - (d_k\, \omega^m_l - d_l\, \omega^m_k) \wedge e_m\, u^{\cdots}_{\cdots}$$

ergibt. Wegen

$$R_{klm}{}^j \equiv \frac{\partial \Gamma^j_{lm}}{\partial x^k} - \frac{\partial \Gamma^j_{km}}{\partial x^l} \bmod \mathfrak{p}$$

ist

$$d_k\, \omega^m_l - d_l\, \omega^m_k \equiv \left(\frac{\partial \Gamma^m_{lh}}{\partial x^k} - \frac{\partial \Gamma^m_{kh}}{\partial x^l}\right) dx^h \equiv R_{klh}{}^m\, dx^h \equiv - e^m\, \Omega_{kl} \bmod \mathfrak{p}$$

und damit

$$(d_k\, d_l - d_l\, d_k)\, u^{j_1\cdots j_p}_{i_1\cdots i_q} = e^m\, \Omega_{kl} \wedge e_m\, u + R_{klm}{}^{j_1}\, u^{m\cdots}_{\cdots\cdots} + \cdots - R_{kli_1}{}^m\, u^{\cdots\cdots}_{m\cdots} - \cdots. \quad (39)$$

Dies in $ddu = dx^k \wedge d_k\, (dx^l \wedge d_l\, u) = dx^k \wedge dx^l \wedge d_k\, d_l\, u = \frac{1}{2} dx^k \wedge dx^l \wedge (d_k\, d_l - d_l\, d_k)\, u$ eingeführt, beweist nach (38) die Formel

$$(dd\, u)^{j_1\cdots j_p}_{i_1\cdots i_q} = \Omega_m{}^{j_1} \wedge u^{m\cdots}_{\cdots\cdots} + \cdots - \Omega_{i_1}{}^m \wedge u^{\cdots\cdots}_{m\cdots} - \cdots. \quad (40)$$

Ähnlich verläuft die Berechnung des Operators $\delta\delta$:

$$\delta\delta\, u = dx^k \vee d_k\, (dx^l \vee d_l\, u) = dx^k \vee dx^l \vee d_k\, d_l\, u$$
$$= \frac{1}{2}\, dx^k \vee dx^l \vee d_k\, d_l\, u + \frac{1}{2}\, dx^l \vee dx^k \vee d_l\, d_k\, u$$
$$= \frac{1}{2}\, dx^k \vee dx^l \vee d_k\, d_l\, u + \frac{1}{2}\, (2\, g^{kl} - dx^k \vee dx^l) \vee d_l\, d_k\, u$$
$$= g^{kl}\, d_k\, d_l\, u + \frac{1}{2}\, dx^k \vee dx^l \vee (d_k\, d_l - d_l\, d_k)\, u\,.$$

Nach Berücksichtigung von (39) und (37) entsteht daraus

$$(\delta\,\delta\, u)^{j_1\cdots j_p}_{i_1\cdots i_q} = d^k\, d_k\, u - R_{kl}\, dx^k \vee e^l\, u + \Omega_{kl} \vee e^k\, e^l\, u$$
$$+ \Omega_m{}^{j_1} \vee u^{m\cdots}_{\cdots\cdots} + \cdots - \Omega_{i_1}{}^m \vee u^{\cdots\cdots}_{m\cdots} - \cdots. \quad (41)$$

26.

Nach willkürlicher Festlegung des Vorzeichens der im Gebiete G stetigen nirgends verschwindenden Funktion $\sqrt{|g_{ik}|}$ ist durch

$$z = \sqrt{|g_{ik}|}\, dx^1 \wedge dx^2 \wedge \cdots \wedge dx^n$$

ein Differential ausgezeichnet, das der Gleichung

$$z \vee z = (-1)^{\binom{n}{2}}$$

genügt, wie am besten lokal, in einem Koordinatensystem mit

$$dx^i \vee dx^k + dx^k \vee dx^i \equiv 0 \qquad (i \neq k), \text{ (mod } \mathfrak{p})$$
$$dx^i \vee dx^i \equiv 1$$

nachgerechnet wird.

Der Übergang von einem Differential u zu $u \vee z$ ist genau der in der Theorie von Hodge so wichtige Übergang zum *Dualen eines Differentials*. Bezeichnen wir diesen, als Linksoperator gedeuteten, Übergang mit a, so gilt

$$a^{-1} = (-1)^{\binom{n}{2}} a,$$

und es hat darum Sinn, Operatoren wie d und δ mit a zu transformieren, d. h.

$$d^a = a^{-1}\, d a, \quad \delta^a = a^{-1}\, \delta a$$

zu bilden.

Es gilt

$$d^a = e^i\, d_i \tag{42}$$

und darum (vgl. (24))

$$\delta = d + d^a, \quad \delta^a = \delta. \tag{43}$$

Beweis: Aus dem in lokal euklidischen Koordinaten sogleich bestätigten Verschwinden von $d_i z$ folgt mittels (26) die Beziehung

$$d(u \vee z) = du \vee z - \eta\, d_i\, u \vee e^i z,$$

wonach

$$d^a u = (-1)^{\binom{n}{2}} d(u \vee z) \vee z$$

gleich

$$du - (-1)^{\binom{n}{2}} \eta\, d_i\, u \vee e^i z \vee z$$

wird. Es ist aber

$$e^i z \vee z = (-1)^{\binom{n}{2}} dx^i \tag{44}$$

und daher $d^a u = du - \eta\, d_i\, u \vee dx^i$. Mittels (14) findet man $\delta u = dx^i \vee d_i\, u = \eta\, d_i\, u \vee dx^i + 2\, e^i d_i\, u$ und damit die behauptete Formel; denn $\delta u = du + e^i d_i u$.

27.

Wenn u ein Differential bezeichnet, bedeute $(u)_0$ den Anteil 0-ten Grades in der Darstellung von u als Summe homogener Differentiale.

Als *Skalarprodukte* zweier Differentiale u, v bezeichnen wir die durch

$$(u, v)_p = \frac{1}{p!} (\zeta\, u \vee dx^{i_1} \vee \cdots \vee dx^{i_p} \vee v)_0 \cdot e_{i_1} \cdots e_{i_p} z \tag{45}$$

für $p = 0, 1, 2, \ldots$ definierten homogenen Differentiale der Grade $n, n-1, \ldots, n-p, \ldots$.

Da in einem Koordinatensystem mit $g_{ik}(P) = \delta_{ik}$ sich $dx^{i_1} \vee \cdots \vee dx^{i_p}$ und $dx^{i_1} \wedge \cdots \wedge dx^{i_p}$ mod $\mathfrak{p}$ nicht unterscheiden, wenn $i_1, \ldots, i_p$ untereinander verschieden sind, und da $e_{i_1} \cdots e_{i_p} z$ nur für solche Indizes von 0 verschieden ist, gilt auch

$$(u, v)_p = \frac{1}{p!} (\zeta\, u \vee (dx^{i_1} \wedge \cdots \wedge dx^{i_p}) \vee v)_0 \cdot e_{i_1} \cdots e_{i_p} z. \tag{46}$$

Weil Anwendung von ζ den Anteil 0-ten Grades eines Differentials nicht verändert, gilt auch

$$(u, v)_p = \frac{1}{p!} (\zeta (\zeta u \vee dx^{i_1} \vee \cdots \vee dx^{i_p} \vee v))_0 \cdot e_{i_1} \cdots e_{i_p} z$$

$$= \frac{1}{p!} (\zeta v \vee dx^{i_p} \vee \cdots \vee dx^{i_1} \vee u)_0 \cdot e_{i_1} \cdots e_{i_p} z ,$$

also

$$(v, u)_p = (-1)^{\binom{p}{2}} (u, v)_p . \tag{47}$$

Eine ähnliche Überlegung, mit η statt ζ angestellt, beweist die Formel

$$(\eta u, \eta v)_p = (-1)^p (u, v)_p . \tag{48}$$

Eine weitere wichtige Eigenschaft der Skalarprodukte folgt aus der Beziehung

$$z \vee u = \eta^{n+1} u \vee z , \tag{49}$$

die nur für ein Monom, etwa $u = dx^1 \wedge \cdots \wedge dx^p$ und lokal, für $g_{ik}(P) = \delta_{ik}$, bestätigt zu werden braucht:

$$z \vee u \equiv (dx^1 \vee \cdots \vee dx^n) \vee (dx^1 \vee \cdots \vee dx^p)$$

$$\equiv (-1)^{(n-p)p + \binom{p}{2}} dx^{p+1} \vee \cdots \vee dx^n ,$$

$$\eta^{n+1} u \vee z \equiv (-1)^{(n+1)p + \binom{p}{2}} dx^{p+1} \vee \cdots \vee dx^n ;$$

denn $(dx^1 \vee \cdots \vee dx^p) \vee (dx^1 \vee \cdots \vee dx^p) \equiv (-1)^{\binom{p}{2}} \bmod \mathfrak{p}$.

Mittels (49) berechnet sich $(u \vee z, v \vee z)_p$ wie folgt:

$$(u \vee z, v \vee z) = \frac{1}{p!} (-1)^{\binom{n}{2}} (z \vee \zeta u \vee dx^{i_1} \vee \cdots \vee dx^{i_p} \vee v \vee z)_0 \cdot e_{i_1} \cdots e_{i_p} z$$

$$= \frac{1}{p!} (-1)^{\binom{n}{2}} (\eta^{n+1} (\zeta u \vee dx^{i_1} \vee \cdots \vee dx^{i_p} \vee v) \vee z \vee z)_0 \cdot e_{i_1} \cdots e_{i_p} z$$

$$= \frac{1}{p!} (\zeta u \vee dx^{i_1} \vee \cdots \vee dx^{i_p} \vee v)_0 \cdot e_{i_1} \cdots e_{i_p} z ,$$

weil auch η^{n+1} den Anteil 0-ten Grades eines Differentials nicht ändert.

Damit ist bewiesen:

$$(u \vee z, v \vee z)_p = (u, v)_p . \tag{50}$$

28.

Der Anteil m-ten Grades in der Zerlegung

$$u = u_0 + u_1 + u_2 + \cdots + u_n$$

eines Differentials u in homogene Differentiale werde durch Anhängen des Index m bezeichnet, also mit u_m im vorliegenden Falle.

Das Skalarprodukt n-ten Grades

$$(\zeta u \vee v)_0 \cdot z ,$$

das wir, statt mit $(u, v)_0$, auch einfach mit

$$(u, v)$$

bezeichnen werden, kann dann in

$$(u, v) = \sum_{p=0}^{n} (u_p, v_p) \tag{51}$$

zerlegt werden.

Dies folgt aus der Tatsache, daß in

$$\zeta\, u \vee v = \sum_{p, q, r} (-1)^{\binom{p}{2}+\binom{q}{2}} \frac{\eta^p}{p!} e_{i_1} \cdots e_{i_p} u_q \wedge e^{i_1} \cdots e^{i_p} v_r$$

nur die Summanden vom 0-ten Grade sind, für die $(q - p) + (r - p) = 0$, $q - p \geqq 0$, $r - p \geqq 0$, also $q = r = p$ ist.

Da hiernach

$$(u, v) = \frac{1}{p!} \cdot \left(\sum_{p=0}^{n} e_{i_1} \cdots e_{i_p} u_p \cdot e^{i_1} \cdots e^{i_p} v_p \right) \cdot z \tag{51}$$

gilt, und, wenn

$$u_p = \frac{1}{p!} a_{i_1 \ldots i_p} dx^{i_1} \wedge \cdots \wedge dx^{i_p}, \quad v_p = \frac{1}{p!} b_{i_1 \ldots i_p} dx^{i_1} \wedge \cdots \wedge dx^{i_p}$$

gesetzt wird,

$$(u, v) = \frac{1}{p!} \cdot \left(\sum_{p=0}^{n} g^{i_1 k_1} \cdots g^{i_p k_p} a_{i_1 \ldots i_p} \cdot b_{k_1 \ldots k_p} \right) \cdot z \tag{51}$$

entsteht, ist im Falle einer positiv definiten Metrik das Skalarprodukt $(u, \bar{u})$ eines Differentials u mit seinem Konjugiertkomplexen $\bar{u}$ stets positiv definit im Sinne von

$$(u, \bar{u}) = \varrho \cdot z \tag{52}$$

mit $\varrho \geqq 0$ und $\varrho = 0$ nur, wenn $u = 0$ ist.

Die Formel (51) läßt zugleich erkennen, daß

$$(\zeta\, u, \zeta\, v) = (u, v) \tag{53}$$

ist.

Aus der Definition

$$(u, v) = (\zeta\, u \vee v)_0 \cdot z$$

folgt für beliebige Differentiale u, v, w die Beziehung

$$(w \vee u, v) = (u, \zeta\, w \vee v), \tag{54}$$

aus der mittels (53) auch

$$(u \vee w, v) = (u, v \vee \zeta\, w) \tag{55}$$

abgeleitet werden kann.

Schließlich sei noch erwähnt, daß für homogene u, v vom gleichen Grade

$$(u, v) = \zeta\, u \wedge (v \vee z) = \zeta\, u \wedge a\, v \tag{56}$$

ist.

Dies folgt nach (51) aus der Tatsache, daß der Übergang zum Dualen ein homogener Operator (vgl. Punkt 23) ist und daher nach (10) für homogenes v vom Grade m

$$v \vee z = (-1)^{\binom{m}{2}} \frac{1}{m!} e^{i_1} \cdots e^{i_m} v \cdot e_{i_1} \cdots e_{i_m} z \tag{57}$$

gilt, während

$$\zeta u = \frac{1}{m!} e_{i_1} \cdots e_{i_m} u \cdot dx^{i_1} \wedge \cdots \wedge dx^{i_m} \tag{58}$$

und

$$dx^{i_1} \wedge \cdots \wedge dx^{i_m} \wedge e_{j_m} \cdots e_{j_1} z = \delta^{i_1 \cdots i_m}_{j_1 \cdots j_m} \cdot z \tag{59}$$

ist, wo $\delta^{i_1 \cdots i_m}_{j_1 \cdots j_m}$ die aus $\delta^{i_u}_{j_v}$ $(v, u = 1, \ldots, m)$ gebildete Determinante bedeuten soll.

29.

Das Skalarprodukt $(n-1)$-ten Grades

$$(u, v)_1 = (\zeta\, u \vee dx^i \vee v)_0 \cdot e_i z$$

ist auch gleich

$$(u, v)_1 = (\zeta\, u \vee e^i v + \zeta\, v \vee e^i u)_0 \cdot e_i z, \tag{60}$$

wie aus folgender Rechnung hervorgeht.

Nach (14) ist $dx^i \vee v = \eta\, v \vee dx^i + 2\, e^i v$, also

$$\zeta\, u \vee dx^i \vee v = \zeta\, u \vee \eta\, v \vee dx^i + 2\, \zeta\, u \vee e^i v. \tag{*}$$

Wegen $w \vee dx^i = w \wedge dx^i + \eta\, e^i w$ ist der Anteil 0-ten Grades von $w \vee dx^i$ gleich dem von $\eta\, e^i w = -e^i \eta\, w$. Darum ist

$$\begin{aligned}(\zeta\, u \vee \eta\, v \vee dx^i)_0 &= -(e^i(\eta\, \zeta\, u \vee v))_0 \\ &= -(e^i \eta\, \zeta\, u \vee v)_0 - (\zeta\, u \vee e^i v)_0 .\end{aligned} \tag{**}$$

Wird hierbei $(e^i \eta\, \zeta\, u \vee v)_0 = (\zeta(e^i \eta\, \zeta\, u \vee v))_0$ nach (5) in $-(\zeta\, v \vee e^i u)_0$ verwandelt, so gewinnt man aus (*) und (**) sogleich die Formel (60).

In Analogie zu (51) wird

$$(u, v)_1 = \sum_{p=0}^{n-1} (u_p, v_{p+1})_1 + \sum_{p=0}^{n-1} (u_{p+1}, v_p)_1, \tag{61}$$

denn in

$$\zeta\, u \vee e^i v = \sum_{p,q,r} (-1)^{\binom{p}{2}+\binom{q}{2}} \frac{\eta^p}{p!} e_{i_1} \cdots e_{i_p} u_q \wedge e^{i_1} \cdots e^{i_p} e^i v_r$$

sind nur die Summanden vom Grade 0, für welche $(q-p)+(r-p-1)=0$, $q-p \geq 0$, $r-p-1 \geq 0$, also $q=p$, $r=p+1$ ist, woraus

$$(\zeta\, u \vee e^i v)_0 = \sum_{p=0}^{n-1} (\zeta\, u_p \vee e^i v_{p+1})_0$$

folgt.

Schließlich sei noch bemerkt, daß $e_i\,(u, e^i v) = (\zeta\, u \vee e^i v)_0 \cdot e_i z$ ist und daher das Skalar-) produkt $(n-1)$-ten Grades $(u, v)_1$ durch Skalarprodukte n-ten Grades in der Form

$$(u, v)_1 = e_i\,(u, e^i v) + e_i\,(v, e^i u) \tag{62}$$

dargestellt werden kann.

30.

Die Bedeutung der Skalarprodukte liegt vor allem in der Gültigkeit der GREEN*schen Formel*

$$(u, \delta v) + (v, \delta u) = d(u, v)_1. \tag{63}$$

Es ist $d(u, v)_1 = dx^i \wedge d_i(u, v)_1 = dx^i \wedge d_i\,(\zeta\, u \vee dx^k \vee v)_0 \cdot e_k z$, weil $d_i\, e_k\, z = e_k\, d_i\, z = 0$ ist.

Das Tensordifferential dx^k hat die kovariante Ableitung $d_i(dx^k) = 0$, und daher ist

$$d_i(\zeta\, u \vee dx^k \vee v)_0 = (d_i\, \zeta\, u \vee dx^k \vee v)_0 + (\zeta\, u \vee dx^k \vee d_i\, v)_0 .$$

Wird noch $d_i\, \zeta = \zeta\, d_i$ und $dx^i \wedge e_k\, z = \delta^i_k\, z$ sowie $\zeta\, d_i\, u \vee dx^i = \zeta\,(dx^i \vee d_i\, u) = \zeta\, \delta\, u$ berücksichtigt, so entsteht

$$\begin{aligned} d(u, v)_1 &= (\zeta\, d_i\, u \vee dx^i \vee v)_0 \cdot z + (\zeta\, u \vee dx^i \vee d_i\, v)_0 \cdot z \\ &= (\zeta\, \delta u \vee v)_0 \cdot z + (\zeta\, u \vee \delta\, v)_0 \cdot z, \text{ w. z. b. w.}\end{aligned}$$

31.

Als DIRAC-*Gleichung* bezeichnen wir jede Gleichung

$$\delta u = a \vee u, \tag{64}$$

in welcher a ein gegebenes, u das gesuchte Differential ist.

Die zu (64) *adjungierte* DIRAC-*Gleichung* ist

$$\delta v = -\zeta a \vee v, \tag{65}$$

weil für Lösungen u, v von (64), (65) stets gilt

$$d(u, v)_1 = 0. \tag{66}$$

In der Tat ist nach (54)

$$(u, \delta v) = -(u, \zeta a \vee v) = -(a \vee u, v) = -(\delta u, v),$$

woraus mittels (63) die Beziehung (66) folgt.

Als *konstant* bezeichnen wir genau die den Gleichungen

$$d_i c = 0 \qquad (i = 1, 2, \ldots, n)$$

genügenden Differentiale. Für diese ist $d c = 0$, $\delta c = 0$, und nach (26) bilden die konstanten Differentiale sowohl einen inneren als auch einen äußeren Unterring des Ringes aller Differentiale.

Nach (25) entsteht aus einer Lösung u einer DIRAC-Gleichung nach innerer Rechtsmultiplikation mit einem beliebigen konstanten Differential c stets wieder eine Lösung derselben DIRAC-Gleichung:

Aus $\delta u = a \vee u$ folgt $\delta(u \vee c) = a \vee u \vee c$, wenn c konstant ist.

Insbesondere ist das Volumendifferential z (vgl. Punkt 26) konstant und demnach das Duale einer Lösung einer DIRAC-Gleichung stets Lösung derselben Gleichung.

Es empfiehlt sich, die DIRAC-Gleichung

$$\delta u = 0$$

als Definition der harmonischen Differentiale zu nehmen und damit die von HODGE und DE RHAM gegebene Definition etwas weiter zu fassen, was im Falle nicht kompakter Räume Vorteile bieten kann.

In einem kompakten Raume mit definiter Metrik folgt aus $\delta\delta u = 0$ das Bestehen von $\delta u = 0$, weil die aus (63) gewonnene Gleichung

$$(\delta u, \delta u) + (u, \delta\delta u) = d(u, \delta u)_1$$

durch Integration über den ganzen Raum

$$\int (\delta u, \delta u) = 0$$

und damit (vgl. (52)) $\delta u = 0$ ergibt.

Allgemein gilt, daß harmonische Differentiale nach Rechtsmultiplikation mit konstanten Differentialen sowie nach Anwendung des Operators η (vgl. (29)) harmonisch bleiben.

32.

Wenn eine HERMITEsche Metrik $2 g_{i\bar{k}}\, dx^i \cdot d\bar{x}^k$ in einem komplex n-dimensionalen, also reell $2n$-dimensionalen Raume gegeben ist und nur pseudokonformer Koordinatenwechsel zugelassen ist, sind

$$dx^i \vee dx^k + dx^k \vee dx^i = 0, \quad d\bar{x}^i \vee d\bar{x}^k + d\bar{x}^k \vee d\bar{x}^i = 0,$$
$$dx^i \vee d\bar{x}^k + d\bar{x}^k \vee dx^i = 2 g^{i\bar{k}}$$

die Basisrelationen für den inneren Kalkül.

In dem funktionentheoretisch besonders wichtigen Fall, daß das Differential

$$w = g_{k\bar{l}}\, dx^k \wedge d\bar{x}^l$$

der Gleichung $dw = 0$ genügt, sind auch die kovarianten Ableitungen $d_i w$, $d_{\bar{k}} w$ gleich 0, d. h., w ist konstant im Sinne von Punkt 31.

Aus jedem harmonischen, d. h. der Gleichung $\delta u = 0$ genügenden Differential u gewinnt man also durch innere Rechtsmultiplikation mit w wieder ein harmonisches Differential.

Ist die Metrik definit und der Raum kompakt, so sind, wenn wiederum $dw = 0$ vorausgesetzt wird, mit u stets auch

$$u \vee w,\quad u \wedge w,\quad w \vee u,\quad w \wedge u$$

harmonisch, und in dieser Tatsache zusammen mit der Bemerkung, daß auch jeder „reine" Bestandteil eines harmonischen Differentials harmonisch ist, spricht sich die Fülle von Relationen aus, deren funktionentheoretische Bedeutung von HODGE entdeckt und von ANDRÉ WEIL ins rechte Licht gesetzt worden ist.

33.

Zu den allgemeinen Voraussetzungen von Punkt 1 zurückkehrend, behandeln wir noch die für physikalische Anwendungen wichtige Frage, wie ein zunächst nur für Funktionen, d. h. Differentiale 0-ten Grades, erklärter Operator

$$A = \alpha^i(x^1, x^2, \ldots, x^n)\frac{\partial}{\partial x^i}$$

auf den ganzen Differentialring S auszudehnen ist.

In der Umgebung eines beliebigen Punktes P von G sei die allgemeine Lösung des Systems

$$\frac{dx^i}{dy^n} = \alpha^i(x^1, x^2, \ldots, x^n) \qquad (i = 1, 2, \ldots, n)$$

durch

$$x^i = x^i(y^1, y^2, \ldots, y^n) \tag{67}$$

gegeben, wobei die $n - 1$ Integrationskonstanten y^k $(k < n)$ so gewählt seien, daß (67) in der Umgebung von P eine Koordinatentransformation vermittelt.

Ein Differential p-ten Grades

$$u = \frac{1}{p!}\, a_{i_1 \ldots i_p} \cdot dx^{i_1} \wedge \cdots \wedge dx^{i_p}$$

geht dabei in

$$u = \frac{1}{p!}\, a_{i_1 \ldots i_p} \frac{\partial x^{i_1}}{\partial y^{k_1}} \cdots \frac{\partial x^{i_p}}{\partial y^{k_p}} \cdot dy^{k_1} \wedge \cdots \wedge dy^{k_p}$$

über und partielle Ableitung der Koeffizienten des so entstandenen Differentials nach y^n bedeute dasselbe wie Anwendung des Operators auf u. Diese Definition rechtfertigt sich durch die Bemerkung, daß

$$\begin{aligned}\frac{\partial u}{\partial y^n} &= \frac{1}{p!}\frac{\partial a_{i_1 \ldots i_p}}{\partial x^l}\frac{\partial x^l}{\partial y^n}\frac{\partial x^{i_1}}{\partial y^{k_1}} \cdots \frac{\partial x^{i_p}}{\partial y^{k_p}} \cdot dy^{k_1} \wedge \cdots \wedge dy^{k_p} \\ &\quad + \frac{1}{(p-1)!}\, a_{i_1 \ldots i_p}\, d\left(\frac{\partial x^{i_1}}{\partial y^n}\right) \wedge \frac{\partial x^{i_2}}{\partial y^{k_2}} \wedge \cdots \wedge \frac{\partial x^{i_p}}{\partial y^{k_p}} \cdot dy^{k_2} \wedge \cdots \wedge dy^{k_p} \\ &= \frac{1}{p!} A\, a_{i_1 \ldots i_p} \cdot dx^{i_1} \wedge \cdots \wedge dx^{i_p} + d(\alpha^i) \wedge e_i\, u \qquad \text{(vgl. Punkt 17 Ende)}\end{aligned}$$

unabhängig von der Auswahl der Integrationskonstanten $y^1, \ldots, y^{n-1}$ ist.

Unter $\frac{\partial}{\partial x^i}$ die Differentiation der Koeffizienten eines als äußeres Polynom in $dx^1, \ldots, dx^n$ geschriebenen Differentials nach x^i verstehend, definieren wir daher

$$A u = \alpha^i \frac{\partial u}{\partial x^i} + d(\alpha^i) \wedge e_i u. \tag{68}$$

Aus der sofort einleuchtenden Formel

$$\frac{\partial}{\partial y^n}(u \wedge v) = \frac{\partial u}{\partial y^n} \wedge v + u \wedge \frac{\partial v}{\partial y^n}$$

folgt

$$A(u \wedge v) = A u \wedge v + u \wedge A v. \tag{69}$$

Wenn drei Operatoren

$$A = \alpha^i \frac{\partial}{\partial x^i}, \quad B = \beta^i \frac{\partial}{\partial x^i}, \quad C = \gamma^i \frac{\partial}{\partial x^i}$$

in der Beziehung

$$A B - B A = C$$

stehen, d. h.

$$\alpha^i \frac{\partial \beta^k}{\partial x^i} - \beta^i \frac{\partial \alpha^k}{\partial x^i} = \gamma^k \tag{70}$$

gilt, so sind auch ihre Fortsetzungen A, B, C auf S durch dieselbe Gleichung miteinander verknüpft.

Denn es ist

$$\begin{aligned} A B u = {} & \alpha^i \beta^k \frac{\partial^2 u}{\partial x^i \partial x^k} + \alpha^i \frac{\partial \beta^k}{\partial x^i} \frac{\partial u}{\partial x^k} \\ & + \alpha^i d\left(\frac{\partial \beta^k}{\partial x^i}\right) \wedge e_k u + d\alpha^i \wedge e_i d\beta^k \wedge e_k u \\ & + \alpha^i d\beta^k \wedge e_k \frac{\partial u}{\partial x^i} + \beta^k d\alpha^i \wedge e_i \frac{\partial u}{\partial x^k} - d\alpha^i \wedge d\beta^k \wedge e_i e_k u, \end{aligned}$$

wobei d im Sinne skalarer Differentiation gemeint ist, also z. B. $d\alpha^i = d(\alpha^i)$ sein soll (vgl. (21)).

Da die 3. Zeile auf der rechten Seite symmetrisch bzgl. α und β ist, ergibt sich

$$\begin{aligned} (A B - B A) u & = \gamma^k \frac{\partial u}{\partial x^k} + \left(\alpha^i d \frac{\partial \beta^k}{\partial x^i} - \beta^i d \frac{\partial \alpha^k}{\partial x^i} + d\alpha^i \cdot \frac{\partial \beta^k}{\partial x^i} - d\beta^i \cdot \frac{\partial \alpha^k}{\partial x^i}\right) \wedge e_k u \\ & = \gamma^k \frac{\partial u}{\partial x^k} + d\gamma^k \wedge e_k u = C u. \end{aligned}$$

34.

Wenn eine Metrik gegeben ist, kann die Formel (68) in

$$A u = \alpha\, d_i u + d\alpha^i \wedge e_i u \tag{71}$$

verwandelt werden, wobei $d\alpha^i$ im Sinne von

$$d\alpha^i = (d\alpha)^i = d(\alpha^i) + \omega^i_k \alpha^k$$

zu verstehen ist.

Nach Einführung der in (67) erklärten Koordinaten $y^1, \ldots, y^n$ seien

$$h_{rs} = g_{ik} \frac{\partial x^i}{\partial y^r} \frac{\partial x^k}{\partial y^s}$$

die Koeffizienten der quadratischen Fundamentalform. Dann wird

$$\frac{\partial h_{rs}}{\partial y^n} = \frac{\partial g_{ik}}{\partial x^l}\frac{\partial x^i}{\partial y^r}\frac{\partial x^k}{\partial y^s}\alpha^l + g_{ik}\frac{\partial \alpha^i}{\partial x^l}\frac{\partial x^l}{\partial y^r}\frac{\partial x^k}{\partial y^s} + g_{ik}\frac{\partial x^i}{\partial y^r}\frac{\partial \alpha^k}{\partial x^l}\frac{\partial x^l}{\partial y^s}$$

$$= \left(\frac{\partial g_{ik}}{\partial x^l}\alpha^l + g_{lk}\frac{\partial \alpha^l}{\partial x^i} + g_{il}\frac{\partial \alpha^l}{\partial x^k}\right)\frac{\partial x^i}{\partial y^r}\frac{\partial x^k}{\partial y^s}$$

$$= (g_{lk}\, d_i\, \alpha^l + g_{il}\, d_k\, \alpha^l)\,\frac{\partial x^i}{\partial y^r}\frac{\partial x^k}{\partial y^s}$$

und damit

$$\frac{\partial h_{rs}}{\partial y^n} = (d_i\, \alpha_k + d_k\, \alpha_i)\cdot\frac{\partial x^i}{\partial y^r}\frac{\partial x^k}{\partial y^s}\,. \tag{72}$$

Die Metrik ist also genau dann invariant bei der von A erzeugten eingliedrigen LIEschen Gruppe, wenn die KILLING*schen Gleichungen*

$$d_i\, \alpha_k + d_k\, \alpha_i = 0 \tag{73}$$

erfüllt sind.

In diesem Falle genügt das dem Operator A invariant zugeordnete Differential

$$\alpha = \alpha_i\, dx^i = g_{ik}\, \alpha^k\, dx^i$$

der Gleichung

$$e_i\, d\alpha = -\, 2\,(d\alpha)_i\,,$$

weil in

$$d\alpha = d\alpha_i \wedge dx^i = d_k\, \alpha_i \cdot dx^k \wedge dx^i$$

die Koeffizienten $d_k\, \alpha_i$ nach (73) schiefsymmetrisch sind. Statt (71) kann daher jetzt

$$A\,u = \alpha^i\, d_i\, u - \frac{1}{2}\, e_i\, d\alpha \wedge e^i\, u$$

geschrieben werden.

Nach (10) ist aber

$$d\alpha \vee u = d\alpha \wedge u - e_i\, d\alpha \wedge e^i\, u - \frac{1}{2}\, e_i\, e_k\, d\alpha \wedge e^i\, e^k\, u\,,$$

$$u \vee d\alpha = u \wedge d\alpha + \eta\, e^i\, u \wedge e_i\, d\alpha - \frac{1}{2}\, e^i\, e^k\, u \wedge e_i\, e_k\, d\alpha$$

und dabei

$$\eta\, e^i\, u \wedge e_i\, d\alpha = e_i\, d\alpha \wedge e^i\, u\,,$$

weshalb

$$d\alpha \vee u - u \vee d\alpha = -\, 2\, e_i\, d\alpha \wedge e^i\, u \tag{74}$$

und damit

$$A\,u = \alpha^i\, d_i\, u + \frac{1}{4}\,(d\alpha \vee u - u \vee d\alpha) \tag{75}$$

wird.

Aus den KILLINGschen Gleichungen folgt sofort

$$\delta\alpha - d\alpha = d^i\, e_i\, \alpha = g^{ik}\, d_k\, \alpha_i = 0\,.$$

Daraus ergibt sich auch folgende Darstellung für $A\,u$:

$$2\,A\,u = \delta(\alpha \vee u) + \alpha \vee \delta\, u - \frac{1}{2}\,\delta\alpha \vee u - \frac{1}{2}\, u \vee \delta\alpha\,. \tag{76}$$

Denn nach (25) ist

$$2\,\alpha^i\, d_i\, u = 2\, e^i\, \alpha \vee d_i\, u = \delta(\alpha \vee u) - \delta\alpha \vee u + \alpha \vee \delta u$$

und darum

$$2\,A\,u = \delta(\alpha \vee u) - \delta\alpha \vee u + \alpha \vee \delta u + \frac{1}{2}\,\delta\alpha \vee u - \frac{1}{2}\, u \vee \delta\alpha\,,$$

wobei

$$d\alpha = \delta\alpha \tag{77}$$

berücksichtigt ist.

Von Bedeutung ist auch die Gleichung

$$d_i\, d\alpha = -\,2\, d d\alpha_i = 2\, \Omega_i^{\;m}\, \alpha_m \;(\text{vgl. } (40)), \tag{78}$$

die zeigt, daß $d\alpha$ jedenfalls bei euklidischer Metrik konstant ist.

Ihr Beweis folgt aus der allgemeinen Relation

$$d d e_i - e_i d d = d d_i - d_i d, \tag{79}$$

welche durch Eintragen von $d_i = d e_i + e_i d$ (vgl. (27)) sofort bestätigt wird.

Anwendung von (79) auf α ergibt

$$d d\alpha_i = d\, d_i \alpha - d_i d\alpha,$$

während aus den KILLINGschen Gleichungen

$$d_i\alpha + d\alpha_i = 0 \tag{80}$$

folgt, was nach Eintragen in die vorangehende Gleichung zu (78) führt.

Wenn drei die Metrik invariant lassende Operatoren A, B, C in der Beziehung $AB - BA = C$ stehen, gilt für die ihnen zugeordneten Differentiale α, β, γ die Gleichung

$$d\gamma = \frac{1}{4}(d\alpha \vee d\beta - d\beta \vee d\alpha) + 2\,\alpha^i \beta^k\, \Omega_{ik} = -\,2\, d_i\alpha \wedge d^i\beta + 2\,\alpha^i\beta^k\,\Omega_{ik}. \tag{81}$$

Beweis: Aus (70) folgt $\alpha^i\, d_i\, \beta^k - \beta^i\, d_i\, \alpha^k = \gamma^k$ und damit

$$\gamma = \alpha^i\, d_i\beta - \beta^i\, d_i\alpha,$$

$$d\gamma = d\alpha^i \wedge d_i\beta - d\beta^i \wedge d_i\alpha + \alpha^i\, d d_i\, \beta - \beta^i\, d d_i\, \alpha.$$

Berücksichtigt man hierbei die aus $e_i\, d + d e_i = d_i$ folgende Gleichung $e_i\, d\alpha + d\alpha_i = d_i\alpha$ sowie $d_i\alpha + d\alpha_i = 0$, so ergibt sich zunächst

$$d\gamma = -\frac{1}{4}\, e^i\, d\alpha \wedge e_i\, d\beta + \frac{1}{4}\, e^i\, d\beta \wedge e_i\, d\alpha - \alpha^i\, d d\, \beta_i + \beta^i d d\, \alpha_i.$$

Andererseits ist nach (74)

(*)
$$d\alpha \vee d\beta - d\beta \vee d\alpha = -\,2\, e_i\, d\alpha \wedge e^i\, d\beta$$

und nach (40)

$$\alpha^i\, d d\beta_i - \beta^i\, d d\alpha_i = -\,\alpha^i\, \Omega_i^{\;m}\, \beta_m + \beta^i\, \Omega_i^{\;m}\, \alpha_m = -\,2\,\alpha^i\beta^k\,\Omega_{ik}$$

woraus (81) sofort folgt. Der zweite in (81) genannte Ausdruck für $d\gamma$ folgt aus (*) und $e_i\, d\alpha = 2\, d_i\, \alpha$.

35.

Formelsammlung

$\eta\, u = (-1)^p\, u$, $\zeta\, u = (-1)^{\binom{p}{2}}\, u$, wenn u homogen vom Grade p;

$e_i\, u = \frac{1}{(p-1)!}\, a_{i i_1 \cdots i_{p-1}}\, dx^{i_1} \wedge \cdots \wedge dx^{i_{p-1}}$, wenn $u = \frac{1}{p!}\, a_{i_1 \cdots i_p}\, dx^{i_1} \wedge \cdots \wedge dx^{i_p}$

mit schiefsymmetrischem $a_{i_1 \cdots i_p}$.

η, ζ, e_i sind lineare Operatoren mit den Eigenschaften

$$\eta^2 = \zeta^2 = 1, \quad \eta\,\zeta = \zeta\,\eta,$$

$$e_i\,\eta = -\,\eta\,e_i, \quad e_i\,\zeta = \eta\,\zeta\,e_i, \quad \zeta\,e_i = -\,e_i\,\eta\,\zeta,$$

$$e_i\,e_k + e_k\,e_i = 0.$$

η ist Automorphismus des inneren und äußeren Differentialringes,
ζ ist Anti-Automorphismus des inneren und äußeren Differentialringes.

$$e_i\,(u \wedge v) = e_i\,u \wedge v + \eta\,u \wedge e_i\,v,$$

$$e_i\,(u \vee v) = e_i\,u \vee v + \eta\,u \vee e_i\,v,$$

$$u \vee v = \sum_{m=0}^{\infty} (-1)^{\binom{m}{2}} \frac{\eta^m}{m!}\, e_{i_1} \cdots e_{i_m}\, u \wedge e^{i_1} \cdots e^{i_m}\, v.$$

Insbesondere

$$u \vee v = u \wedge v + e_i\,u \wedge e^i\,v,$$

wenn u homogen vom Grade 1, z. B.

$$dx^i \vee v = dx^i \wedge v + e^i\,v,$$

$$u \vee v = \sum_{m=0}^{\infty} (-1)^{\binom{m}{2}} \frac{2^m}{m!}\, e_{i_1} \cdots e_{i_m}\, \eta^{p+m}\, v \vee e^{i_1} \cdots e^{i_m}\, u,$$

wenn u homogen vom Grade p ist.

Insbesondere

$$u \vee v = \eta\,v \vee u + 2\,e_i\,v \vee e^i\,u,$$

wenn u homogen vom Grade 1 ist.

(In einem Punkte, wo $g_{ik}\,(P) = 0$ für $i \neq k$ ist, gilt

$$dx^{i_1} \vee dx^{i_2} \vee \cdots \vee dx^{i_p} \equiv dx^{i_1} \wedge dx^{i_2} \wedge \cdots \wedge dx^{i_p} \qquad (\text{mod } \mathfrak{p}),$$

sofern $i_1, i_2, \ldots, i_p$ voneinander verschieden sind.)

d_i bedeutet kovariante Ableitung nach x^i.

$$d_i\,u = \frac{\partial u}{\partial x^i} - \omega_i^m \wedge e_m\,u \qquad (\text{mit } \omega_i^m = \Gamma_{ik}^m\,dx^k),$$

wenn u skalares Differential ist,

$$d_i\,u_{l\ldots}^{k\ldots} = \frac{\partial}{\partial x^i}\,u_{l\ldots}^{k\ldots} - \omega_i^m \wedge e_m\,u_{l\ldots}^{k\ldots} + \Gamma_{im}^k\,u_{l\ldots}^{m\ldots} + \cdots - \Gamma_{il}^m\,u_{m\ldots}^{k\ldots} - \cdots,$$

wenn u Tensordifferential ist.

Für beliebige Tensordifferentiale u ist

$$du = dx^i \wedge d_i\,u, \qquad \delta u = dx^i \vee d_i\,u,$$

$$\zeta\,\delta\,\zeta\,u = d_i\,u \vee dx^i.$$

d_i und d^i sind mit e_k, e^k vertauschbar.

$$de_i + e_i d = \delta e_i + e_i \delta = d_i,$$
$$\delta = d + e^i d_i,$$
$$\zeta \delta \zeta = (2d - \delta)\eta = (d - e^i d_i)\eta,$$
$$d\eta + \eta d = 0, \qquad \delta\eta + \eta\delta = 0,$$
$$d\zeta = -\eta\zeta d, \qquad \zeta d = d\eta\zeta,$$
$$\delta\zeta = \eta\zeta\delta - 2\eta\zeta d, \quad \zeta\delta = -\delta\eta\zeta + 2d\eta\zeta,$$

$$z = \sqrt{|g_{ik}|}\, dx^1 \wedge dx^2 \wedge \cdots \wedge dx^n,$$
$$z \vee z = (-1)^{\binom{n}{2}}, \quad z^{-1} = (-1)^{\binom{n}{2}} z.$$

Duales Differential zu u:

$$a\,u = u \vee z,$$
$$d^a = a^{-1} d a = e^i d_i, \qquad \delta^a = a^{-1}\delta a = \delta,$$
$$\delta = d + d^a,$$
$$e^i z \vee z = (-1)^{\binom{n}{2}} dx^i,$$
$$z \vee u = \eta^{n+1} u \vee z,$$

$$\Omega_i^{\ k} = d(\omega_i^k) - \omega_i^m \wedge \omega_m^k = \frac{1}{2} R_{i\ lm}^{\ k}\, dx^l \wedge dx^m,$$
$$\Omega_{ik} + \Omega_{ki} = 0, \quad dx^i \wedge \Omega_{ik} = 0, \quad (d\,\Omega)_{ik} = 0,$$
$$dx^k \vee \Omega_{ik} = R_{ik}\, dx^k \quad (\text{mit } R_{ik} = R^m_{\ ikm}),$$
$$dx^i \vee dx^k \vee \Omega_{ik} = R.$$

Unterscheide

zwischen $d(u_{l\cdots}^{k\cdots}) = dx^i \wedge \frac{\partial}{\partial x^i} u_{l\cdots}^{k\cdots}$ und $du_{l\cdots}^{k\cdots} = (du)_{l\cdots}^{k\cdots} = dx^i \wedge d_i u_{l\cdots}^{k\cdots}$.

Es ist

$$du_{l\cdots}^{k\cdots} = d(u_{l\cdots}^{k\cdots}) + \omega_m^k \wedge u_{l\cdots}^{m\cdots} + \cdots - \omega_l^m \wedge u_{m\cdots}^{k\cdots} - \cdots,$$

$$ddu_{l\cdots}^{k\cdots} = \Omega_m^{\ k} \wedge u_{l\cdots}^{m\cdots} + \cdots - \Omega_l^{\ m} \wedge u_{m\cdots}^{k\cdots} - \cdots,$$
$$\delta\delta u_{l\cdots}^{k\cdots} = d^m d_m u - R_{ik}\, dx^i \vee e^k u + \Omega_{ik} \vee e^i e^k u + \Omega_m^{\ k} \vee u_{\cdots}^{m\cdots} + \cdots - \Omega_l^{\ m} \vee u_{m\cdots}^{k\cdots} - \cdots.$$

Skalarprodukte:

$$(u, v)_p = \frac{1}{p!}(\zeta u \vee dx^{i_1} \vee \cdots \vee dx^{i_p} \vee v)_0 \cdot e_{i_1} \cdots e_{i_p} z$$
$$= \frac{1}{p!}(\zeta u \vee (dx^{i_1} \wedge \cdots \wedge dx^{i_p}) \vee v)_0 \cdot e_{i_1} \cdots e_{i_p} z$$

(w_0 bedeutet Anteil 0-ten Grades in w),

$$(v, u)_p = (-1)^{\binom{p}{2}} \cdot (u, v)_p ,$$

$$(\eta\, u, \eta\, v)_p = (-1)^p\, (u, v)_p ,$$

$$(u \vee z, v \vee z)_p = (u, v)_p .$$

Für das Skalarprodukt n-ten Grades

$$(u, v)_0 = (u, v)$$

gilt auch

$$(\zeta\, u, \zeta\, v) = (u, v).$$

Ferner

$$(u, v) = \sum_{p=0}^{n} (u_p, v_p) ,$$

wo w_p den Anteil p-ten Grades in w bezeichnet.

Für beliebige u, v, w gilt

$$(u \vee w, v) = (u, v \vee \zeta w) ,$$

$$(w \vee u, v) = (u, \zeta w \vee v) .$$

Für homogene u, v vom gleichen Grade gilt:

$$(u, v) = \zeta u \wedge (v \vee z) .$$

Das Skalarprodukt $(n-1)$-ten Grades

$$(u, v)_1 = (\zeta\, u \vee dx^i \vee v) \cdot e_i\, z$$

ist auch gleich

$$(u, v)_1 = (\zeta\, u \vee e^i\, v + \zeta\, v \vee e^i\, u)_0 \cdot e_i\, z ,$$

$$(u, v)_1 = \sum_{p=0}^{n-1} \big((u_p , v_{p+1})_1 + (u_{p+1} , v_p)_1\big) ,$$

$$(u, v)_1 = e_i\, (u, e^i\, v) + e_i\, (v, e^i\, u) .$$

Greensche Formel:

$$(\delta u, v) + (u, \delta v) = d(u, v)_1 ,$$

$$(\delta\delta u, v) - (u, \delta\delta v) = d\, \big((\delta u, v)_1 - (u, \delta v)_1\big) .$$

Wirkung eines Lieschen Operators:

$$A = \alpha^i (x^1, \ldots, x^n) \frac{\partial}{\partial x^i}$$

auf Differentiale oder Tensordifferentiale:

$$A\, u = \alpha^i d_i\, u + d\alpha^i \wedge e_i\, u .$$

Wenn für Liesche Operatoren A, B, C die Gleichung $A B - BA = C$ gilt, so auch für ihre Fortsetzung.

Genügt A den Killingschen Gleichungen

$$d_i\, \alpha_k + d_k\, \alpha_i = 0 ,$$

so wird mit

$$\alpha = \alpha_i\, dx^i$$

seine Wirkung auch durch

$$A\,u = \alpha^i\, d_i\, u + \frac{1}{4}\, d\alpha \vee u - \frac{1}{4}\, u \vee d\alpha$$

beschrieben.

Genügen A, B, C den KILLINGschen Gleichungen und ist

$$A\,B - B\,A = C\,,$$

so ist

$$d\gamma = \frac{1}{4}\,(d\alpha \vee d\beta - d\beta \vee d\alpha) + 2\,\alpha^i\,\beta^k\,\Omega_{ik}\,.$$

SITZUNGSBERICHTE DER DEUTSCHEN AKADEMIE DER WISSENSCHAFTEN ZU BERLIN

Klasse für Mathematik, Physik und Technik

Jahrgang 1959

1 MAX VON LAUE: Röntgenwellenfelder in Kristallen

1959. 26 Seiten – 23 Abbildungen – 8° – DM 3,20

2 PAUL GÖRLICH / H. KARRAS / K. KÜHNE: Über einige optische Messungen am Calciumfluorid

1959. 24 Seiten – 6 Abbildungen – 6 Tabellen – 8° – DM 2,–

3 WILLIBALD LICHTENHELDT: Die Bedeutung der Geometrie bei der Lösung getriebetechnischer Probleme

1959. 26 Seiten – 18 Abbildungen – 8° – DM 3,–

Jahrgang 1960

1 WERNER BOIE: Probleme der Luftreinhaltung

1960. 30 Seiten – 21 Abbildungen, davon 4 auf 2 Tafeln – 8° – DM 2,90

2 L. JANOSSY: Überlegungen zu den Grundlagen der Wahrscheinlichkeitsrechnung

1960. 23 Seiten – 1 Abbildung – 8° – DM 1,90

3 PAUL GÖRLICH / H. KARRAS / R. REIMANN: Zur Frage der Verfärbung künstlicher CaF_2-Einkristalle aus reinem synthetischen Ausgangsmaterial

In Vorbereitung

Bestellungen durch eine Buchhandlung erbeten

A K A D E M I E - V E R L A G · B E R L I N

In der gleichen Schriftenreihe erschienen im Jahre 1959:

1 ROLF REISSIG: **Über die totale Stabilität erzwungener Reibungsschwingungen**
1959. 28 Seiten – 10 Abbildungen – 4° – DM 5,–

2 KURT R. BIERMANN: **Johann Peter Gustav Lejeune Dirichlet**
Dokumente für sein Leben und Wirken. (Zum 100. Todestag)
1959. 87 Seiten – 1 Titelbild – 4 Tafeln – 4° – DM 10,50

3 MAX WOLF: **Heizkraftwerke auf Luft- und Gasturbinengrundlage**
1959. 64 Seiten – 47 Abbildungen – 11 Zahlentafeln – 4° – DM 8,60

4 ALFRED JANTE: **Kolloquium Energiewirtschaft und Ökonomie der Sektion für Maschinenbau der Deutschen Akademie der Wissenschaften zu Berlin am 22. Oktober 1958 im Pumpspeicherwerk Niederwartha**
1959. 68 Seiten – 14 Abbildungen – 4° – DM 7,30

Jahrgang 1960:

1 ROBERT ROMPE: **Kolloquium inhomogene Felder in festen Dielektrika im Durchschlagsgebiet**
Veranstaltet von der Deutschen Akademie der Wissenschaften zu Berlin, Physikalisch-Technisches Institut-Bereich: Elektrischer Durchschlag – am 16. und 17. März 1959
1960. 50 Seiten – 35 Abbildungen, davon 9 auf 5 Tafeln – 4° – DM 9,–

2 WALTER PAUER: **Einige grundsätzliche Fragen zur Raumheizung**
WERNER BOIE / FRIEDRICH DITTRICH: **Wärmeversorgungsanlagen der Technischen Hochschule Dresden**
NORBERT ELSNER: **Bedeutung und Anwendung der Energie in der Wärmetechnik**
In Vorbereitung. Etwa 88 Seiten – 72 Abbildungen – 4°

3 KURT R. BIERMANN: **Vorschläge zur Wahl von Mathematikern in die Berliner Akademie**
Ein Beitrag zur Gelehrten- und Mathematikgeschichte des 19. Jahrhunderts
In Vorbereitung. Etwa 80 Seiten – 4°

4 Vorliegendes Heft

5 ALFRED JANTE: **Über die Spülung von Zweitaktmotoren**
In Vorbereitung. Etwa 48 Seiten – 52 Abbildungen – 4°

6 H. A. RATHSACK / ELLINOR RAUTENBERG: **Untersuchungen an Schiffsanstrichen. II. Teil**
In Vorbereitung. Etwa 56 Seiten – 21 Abbildungen – 4°

7 **Reaktionskinetik von Elektronenprozessen in Festkörpern**
Herausgegeben von WOLFGANG BÖER
Tagung der Deutschen Akademie der Wissenschaften zu Berlin – Physikalisch-Technisches Institut – Bereich Elektrischer Durchschlag – vom 11. bis 14. April 1960
1960. VII, 319 Seiten – 126 Abbildungen, davon 12 auf 3 Kunstdrucktafeln – 12 Tabellen – 4° – DM 23,–

8 GERHARD HEBER: **Vorlesungen über ausgewählte Kapitel der Quantenfeldtheorie**
In Vorbereitung. Etwa 56 Seiten – 4°

9 WERNER POHLENZ: **Die Drehzahlregelung der Kraftmaschinen** (Mitteilungen der Sektion für Maschinenbau)
In Vorbereitung. Etwa 32 Seiten – 21 Abbildungen – 4°

10 HERMANN SCHUMANN: **Stähle bei tiefen Temperaturen**
In Vorbereitung. Etwa 32 Seiten – 23 Abbildungen – 4°

Bestellungen durch eine Buchhandlung erbeten

A K A D E M I E - V E R L A G · B E R L I N

FSC
www.fsc.org
MIX
Papier | Fördert gute Waldnutzung
FSC® C083411

Kolibri 360 GmbH
Ferdinand-Jühlke-Straße 7
99095 Erfurt, Deutschland
produktsicherheit@kolibri360.de